种羊及其产品鉴定技术

南风　马东　主编

西北农林科技大学出版社
·杨凌·

图书在版编目（CIP）数据

种羊及其产品鉴定技术 / 南风, 马东主编. — 杨凌: 西北农林科技大学出版社, 2022.9

ISBN 978-7-5683-1141-0

Ⅰ. ①种… Ⅱ. ①南… ②马… Ⅲ. ①羊—品种—鉴定 Ⅳ. ①S826.8

中国版本图书馆CIP数据核字(2022)第174761号

种羊及其产品鉴定技术

南风　马东　主编

出版发行	西北农林科技大学出版社		
地　　址	陕西杨凌杨武路3号	**邮　编：**	712100
电　　话	总编室：029-87093195	发行部：	029-87093302
电子邮箱	press0809@163.com		
印　　刷	陕西天地印刷有限公司		
版　　次	2022年9月第1版		
印　　次	2022年9月第1次印刷		
开　　本	787 mm × 1092 mm　1/16		
印　　张	10.75		
字　　数	182千字		

ISBN 978-7-5683-1141-0

定价：32.00元

本书如有印装质量问题，请与本社联系

《种羊及其产品鉴定技术》

编委会成员名单

主　　编：南　风　马　东

副 主 编：霍永智　刘小东

编写人员：（按姓氏笔画为序）

马　东　刘小东　刘　芳　李娜娜　苗晓茸

南　风　胡忠昌　胡　姗　曹凯鑫　霍永智

前 言

榆林市发展羊产业的历史悠久，早在秦汉时期就有"水草丰美，土宜畜牧，牛马衔尾，群羊塞道"之说。近年来，全市坚持转型升级、绿色发展理念，狠抓陕北白绒山羊提质增效、肉羊扩群增量，重点打造以羊为主的农业"4+X"产业体系。全市羊饲养规模连续多年稳定在 1000 万只左右，占到全省饲养总量的 60% 以上，成为全国非牧区养羊第一大市。早些年榆林就已初步形成了以长城沿线向两侧延伸的羊产业集聚优势区，其中榆阳、神木、定边、靖边、横山等 5 个县市区羊的存栏量占到总存栏量的 81.67%，建成榆阳、神木、横山、靖边、定边、子洲 6 个肉羊基地县、5 个百万只养羊大县、32 个 10 万只养羊大镇、185 个万只养羊示范村。湖羊养殖则主要集中在榆阳、神木、子洲、府谷、清涧等县市区，占全市湖羊总存栏量的 96.24%。2019 年以来，受市场价格等因素影响，在各级政策推动下，全市湖羊养殖迅速崛起，一大批规模以上养殖企业纷纷建成投产，其中以上河、中盛为代表的肉羊规模化、集约化养殖走在全国前列。"横山羊肉""靖边羊肉""定边羊肉"荣获国家地理标志保护产品，"横山羊肉"品牌享誉全国。榆阳区百万只肉羊屠宰加工线建成运行，定边县 35 万只肉羊屠宰线建成试运营，羊产业高质量发展迈出坚实步伐。

近年来，随着我国经济的快速发展与人均可支配收入水平的持续提高，居民消费结构不断转型升级，对羊肉、羊乳、羊绒等产品需求量持续增长。据数据统计显示，我国人均羊肉年消费量由 2011 年的 2.56 kg 增长至 2020 年的 3.31 kg，呈现逐年增加的趋势。羊绒在交易中以克论价，被人们认为是"纤维宝石""纤维皇后"。随着乳制品品牌不断加大对羊奶粉的布局，以及消费者对羊奶营养的认知加强，婴幼儿羊奶粉和老年羊奶粉消费显著增加。在农村居民人均可支配收入的持续增长下，农村消费市场的潜力将进一步释放，从长期乳品消费情况来看，我国居民乳品消费升级有望继续带动羊产品需求趋势性上升。

　　然而，近些年来，伴随着消费者对于羊产品的需求量越来越大，市场上出现假羊肉、假羊乳商品等猖狂现象日益突出。为了科普种羊及其产品的消费知识，提高辨别真假优劣的能力，我们特组织编写了《种羊及其产品鉴定技术》。

　　本书介绍了常见种羊品种、羊产品（羊肉、羊绒、羊皮、羊奶、羊毛）及其鉴定技术等。本书配图丰富，力求技术先进、文字简练、通俗易懂，实用性和操作性强。

　　由于编者技术水平所限，书中难免有疏漏或不足之处，敬请读者谅解。若发现内容有误或有更好的建议，欢迎提出宝贵意见。

编　者

2022.10

目录
CONTENTS >>>

第一章
常见羊的品种

第一节　陕北白绒山羊

一、一般情况

（一）品种名称

陕北白绒山羊，曾用名陕西绒山羊，属绒肉兼用型山羊培育品种。由陕西省畜牧兽医总站，榆林市畜牧兽医局，延安市畜牧技术推广站，榆阳区、横山区、靖边县、宝塔区、甘泉县畜牧技术推广站等单位共同培育。

（二）中心产区及分布

陕北白绒山羊主要分布在陕西北部榆林和延安两市的25个县（区），而以榆林市榆阳区、横山区、靖边县和延安市的宝塔区质量最好。

二、培育过程

1977年延安市开始用辽宁绒山羊改良当地黑山羊，随后从二三代杂种羊中选择产绒量300 g以上的羊、组成横交固定群、进行横交。到1995年横交自繁羊群发展到20多万只。1996年开始选择产绒量650 g以上的公羊和400 g以上的母羊组建育种群，选择产绒量700 g以上的公羊和450 g以上的母羊组建核心群，经不断自繁选育，产绒量显著提高，2002年4月通过了国家品种审定委员会的鉴定。

三、品种特征和性能

（一）体型外貌特征

1. 外貌特征　陕北白绒山羊被毛为白色，体格中等。公羊头大、颈粗，腹部紧凑，睾丸发育良好。母羊头轻小，额顶有长毛，颌下有须，面部清秀，眼大有神。公、母羊均有角，角形以撇角、拧角为主。公羊角粗大，呈螺旋式向上、向两侧伸展；母羊角细小，从角基开始，向上、向后、向外伸展，角体较扁。颈宽厚，颈肩结合良好。胸深背直。四肢端正，蹄质坚韧。尾瘦而短，尾尖上翘。母羊乳房发育较好，乳头大小适中。

陕北白绒山羊公羊　　　　　　　　　　陕北白绒山羊母羊

2. **体重和体尺**　陕北白绒山羊体重和体尺见表1-1。

表1-1　陕北白绒山羊体重和体尺

年龄	性别	只数	体高（cm）	体长（cm）	胸围（cm）	只数	体重（kg）
成年	公	243	62.30 ± 5.95	68.40 ± 9.89	81.60 ± 8.15	292	41.20 ± 6.20
	母	2402	56.20 ± 4.22	61.40 ± 5.73	69.80 ± 9.50	4751	28.67 ± 4.99
周岁	公	222	51.45 ± 7.70	56.18 ± 9.80	63.80 ± 7.05	278	26.50 ± 8.63
	母	1383	51.26 ± 4.89	53.92 ± 5.88	60.97 ± 6.57	1454	21.20 ± 5.03

注：2001年在榆林、延安测定。以群体平均数表示，下同。

（二）生产性能

1. **产绒性能**　陕北白绒山羊产绒性能见表1-2。

表1-2　陕北白绒山羊产绒性能

	性别	只数	产绒量（g）	绒自然长度（cm）
成年	公	281	723.80 ± 125.70	6.10 ± 0.99
	母	4866	430.37 ± 76.80	4.96 ± 1.03
周岁	公	274	448.38 ± 101.93	4.95 ± 0.91
	母	1479	331.4 ± 86.50	4.70 ± 1.10

注：2001年在榆林、延安测定。

2001 年陕西省纤维检验局对 20 个原绒样分析，平均细度 14.46 μm，净绒率 61.87%。

2. 产肉性能 陕北白绒山羊屠宰性能见表 1-3。

表 1-3 陕北白绒山羊羯羊屠宰性能（平均数）

月龄	只数	宰前活重 (kg)	胴体重 (kg)	屠宰率 (%)	净肉重 (kg)	净肉率 (%)	肉骨比
18	10	28.55 ± 5.70	11.93 ± 2.80	41.79 ± 3.40	9.36 ± 2.50	32.78 ± 3.40	3.64
20	10	31.13 ± 1.11	13.73 ± 0.81	44.11 ± 0.00	10.74 ± 0.65	34.50 ± 0.00	3.59

注：2000 年在横山、安塞种羊场测定。

3. 繁殖性能 陕北白绒山羊 7 ～ 8 月龄性成熟，母羊 1.5 岁、公羊 2 周岁开始配种。母羊发情周期（17.5 ± 2.7）d，发情持续期 23 ～ 49 h，一年产一胎，少部分羊两年产三胎，产羔率 105.8%。妊娠期（150.8 ± 3.5）d；羔羊初生重：公羔 2.5 kg、母羔 2.2 kg。

四、推广利用情况

陕北白绒山羊是在陕北地区气候干旱、风沙大、贫瘠草场的严酷生态条件下培育形成的，具有耐粗饲、耐寒冷、抗风沙、抗病力强等特点。2003 年 2 月 27 日农业部发布新品种育成公告后至 2006 年，陕北白绒山羊品种推广工作得到国家和地方高度重视，品种群羊数量增加到 38.5 万余只；产区存栏陕北白绒山羊及其改良羊数达到 369.24 万只。陕北白绒山羊品种群羊除广泛分布于陕西省北部榆林、延安两市外，还被引入内蒙古、宁夏、甘肃等省（区），杂交改良当地山羊效果显著。

五、品种评价

陕北白绒山羊是在陕北地区特定的自然生态条件下，采用统一的育种方案，相同的杂交亲本，培育成的一个具有体质结实，绒纤维细长，产绒量高，耐粗饲，抗病力强，适应性强，群体数量大，体型外貌比较一致，遗传性能稳定的绒山羊新品种。由于该品种形成时间较短，群体中虽已形成性能分化的不同类群，如绒细长优良结合型，多绒型，多胎型等，但分别选育提高不够，应当采取得力措施，搞好品系选育工作，在保持陕北白绒山羊绒纤维细度指数不变的基础上，不断完善品种结构，提高群体生产能力。

第二节 陕北细毛羊

一、一般情况

（一）品种名称

陕北细毛羊，属毛肉兼用细毛羊培育品种。1985 年通过品种鉴定委员会专家鉴定，由陕西省科委、省农牧厅批准正式命名为"陕北细毛羊"。

（二）中心产区及分布

陕北细毛羊的产区在延安市宝塔区以北的黄土高原丘陵沟壑区和长城沿线风沙草滩地区，主产区包括榆林市榆阳区、神木市、横山区、靖边县、定边县和延安市志丹县、吴起县、安塞区。另外，米脂县、佳县、子洲县、府谷县、子长县、延长县、延川县、宝塔区也有零星分布。榆林市占总存栏的 91.8%，延安市占 8.2%。

二、培育过程

1951 年榆林、延安两市以当地蒙古羊为基础，先后引进新疆细毛羊及阿尔泰细毛羊、苏联美利奴羊、沙力斯细毛羊品种进行杂交改良，到 1959 年一代至四代杂种细毛羊达到 11.5 万只。之后在定边县种羊场、定边县郝滩乡挑选纯白同质的杂种羊，建立了定边种羊场细毛羊育种群和郝滩乡乡村细毛羊育种群。1960—1966 年进行横交固定，1967 年转入自群繁育、导入外血和选育提高阶段。经严格选择，采用同质选配，羊群的质量不断提高。1981 年选择腹毛好、净毛率高、被毛较长的优秀公羊，开展品系繁育。于 1985 年培育出生产性能较高、遗传性能稳定、适应性强的新品种，群体数量达 15 万余只，并正式命名为"陕北细毛羊"。

三、品种特征和性能

（一）体型外貌特征

1. **外貌特征** 陕北细毛羊体格中等偏小，体质结实，结构匀称，头大小适中；公羊鼻梁隆起，有螺旋形大角，颈部有 1～2 个完全或不完全的横皱褶；母羊鼻梁平直，无角或有小角，颈部皮肤宽松有发达的纵皱褶。被毛全白色，皮肤粉红色。毛丛结构良好，呈闭合型，密度大，为中等以上；羊毛弯曲明显，以中、小弯为主；油汗白色或乳白色；腹毛良好。头部细毛着生至两眼连线，前肢细毛达腕关节，后肢达飞节或飞节以下。骨骼坚实，胸部宽深，背腰平直宽圆，腹不下垂，后躯丰满。四肢端正，结实有力，蹄质坚实，蹄色蜡黄。尾型为长瘦尾。

陕北细毛羊公羊

陕北细毛羊母羊

2. 体重和体尺 陕北细毛羊成年羊体重和体尺见表1-4。

表1-4 陕北细毛羊成年羊体重和体尺

性别	只数	体重（kg）	体高（cm）	体长（cm）	胸围（cm）
公	30	61.37 ± 8.36	79.13 ± 0.86	79.97 ± 0.61	126.8 ± 2.14
母	80	41.36 ± 2.24	74.79 ± 0.92	75.81 ± 0.48	110.44 ± 2.67

注：2007年5月在定边县种羊场测定。

（二）生产性能

1. 产毛性能 陕北白绒山羊产绒性能见表1-5。

表1-5 陕北细毛羊产绒性能

性别	只数	原毛产量(kg)	净毛产量(kg)	净毛率(%)	羊毛自然长度(cm)	毛纤维细度		
						64 支	66 支	70 支
公	30	11.1 ± 2.6	4.7	42.3	9.4 ± 0.8	66.7	20	13.3
母	80	5.9 ± 0.7	2.4	40.7	8.5 ± 0.7	75.0	23.8	1.2

注：2007年5月在定边县种羊场测定。

陕北细毛羊成年公羊污毛产量11.1 kg，净毛产量4.7 kg；成年母羊污毛产量5.9 kg，净毛产量2.4 kg。羊毛自然长度成年公羊9.4 cm，成年母羊8.5 cm。油汗多为白色或乳白色。

2. 产肉性能 据对定边种羊场、神木种羊场及周边10个农户屠宰的1.5～2.5岁陕北细毛羊17只羯羊的测定，在舍饲条件下，平均宰前体重（47.38 ± 7.34）kg，胴体重（22.7 ± 4.94）kg，屠宰率47.91%。

3. **繁殖性能** 陕北细毛羊 4 ～ 6 月龄出现初情期，8 ～ 12 月龄达到性成熟。公、母羊在 1.5 岁参加配种，一般在 8 ～ 11 月份发情配种，舍饲条件下，可实现两年三产。母羊发情周期 17.38 d，发情持续期 24.25 h，妊娠期 147.83 d，产羔率 103.7%。羔羊初生重：公羔 3.99 kg，母羔 3.75 kg；120 日龄断奶重：公羔 23.23 kg，母羔 22.39 kg。

四、推广利用情况

自 1985 年陕细毛羊育成后，为巩固、发展和提高陕北细毛羊，先后实施了陕北细毛羊综合技术推广项目和新增百万只改良羊技术开发项目，并对陕北细毛羊核心群，应用澳洲美利奴羊进行改良。据 2006 年统计，榆林、延安两市存栏陕北细毛羊 25.6 万只，其中能繁母羊 16.6 万只。

五、品种评价

陕北细毛羊是在陕北地区特定的自然生态条件下，经过 50 余年的培育和发展，成为适宜于该地区或相似区域繁育条件的优良细毛羊品种。具有体质结实、抗风沙、耐粗饲、抗寒耐干热、抗病力强、适应性好等生物学特性。并且单位体重净毛产量高，被毛细度分布均匀，具有较好的肉用性能，体型外貌一致，遗传性稳定且多样性丰富。随着社会经济的发展和国内外细毛羊发展方向的转变，结合陕北细毛羊的特点和目前发展状况，陕北细毛羊应在积极保种和稳定产毛性能的同时，努力改善饲养管理条件，提高肉用性能水平，今后可建立以肉用为主的肉毛兼用品系，丰富品种结构，并积极开展用肉用性能突出的南非美利奴品种改良提高陕北细毛羊的研究。

第三节 湖 羊

一、一般情况

（一）品种名称
湖羊，是我国特有的白色羔皮用绵羊地方品种。

（二）中心产区及分布
湖羊中心产区位于太湖流域的浙江省湖州市的吴兴、南浔、长兴和嘉兴市的桐乡、秀洲、南湖、海宁，江苏省的吴中、太仓、吴江等县。分布于浙江省的余杭、德清、海盐，江苏省的苏州、无锡、常熟，上海的嘉定、青浦、昆山等县。

二、培育过程

湖羊源于蒙古羊，已有1 000多年的历史。早在晋朝《尔雅》上就有"吴羊"的记载。南宋迁临安（今杭州）后，黄河流域的蒙古羊随居民大量南移而被携至江南太湖流域一带。宋《谈志》编云："安吉、长兴接近江东，多畜白羊……今乡间有无角斑黑而高大者曰胡羊。"当时临安羊肉已很有名。清朝同治年间编的《湖州府志》中载有"吾乡羊有两种，曰吴羊曰山羊，吴羊毛卷，同大无角，岁二八月剪其毛为毡物……畜之者多食以青草，草枯则食以枯桑叶，谓桑叶羊，北人珍焉，其羔儿皮可以为裘"。当地方言中"吴""胡""湖"同音，故吴羊、胡羊即为湖羊。湖羊来到江南，因缺乏放牧地和多雨等因素的影响，由放牧转入舍饲，终年饲养在阴暗的圈内，局促于一隅，缺乏运动和光照，经人们长期驯养和选育，逐渐适应了江南的气候条件，形成了如今的湖羊品种。

三、品种特征和性能

（一）体型外貌特征

1. 外貌特征　　湖羊全身被毛为白色。体格中等，头狭长而清秀，鼻骨隆起，公、母羊均无角，眼大凸出，多数耳大下垂。颈细长，体躯长，胸较狭窄，背腰平直，腹微下垂，四肢偏细而高。母羊尻部略高于鬐甲，乳房发达。公羊体型较大，前躯发达，胸宽深，胸毛粗长。属短脂尾，尾呈扁圆形，尾尖上翘。被毛异质，呈毛丛结构，腹毛稀而粗短，颈部及四肢无绒毛。

湖羊公羊　　　　　　　　　　　　　　　湖羊母羊

2.**体重和体尺** 湖羊早期生长发育快，在正常的饲养条件和精心管理下，6月龄羔羊可达成年羊体重的70%以上，1周岁时可达成年羊体重的90%以上，其体重和体尺见表1-6、表1-7。

表1-6 湖羊成年羊体重和体尺

性别	只数	体重（kg）	体高（cm）	体长（cm）	胸围（cm）	胸深（cm）	胸宽（cm）	尾宽（cm）	尾长（cm）
公	28	79.3±8.7	76.8±4.0	86.9±7.9	102.0±8.4	36.5±4.0	28.0±5.2	20.4±3.5	20.2±5.5
母	95	50.6±5.6	67.7±3.3	74.8±3.7	89.4±6.5	30.6±2.9	23.1±3.1	15.9±3.2	17.2±4.7

表1-7 湖羊8～10月龄羊体重和体尺

性别	只数	体重（kg）	体高（cm）	体长（cm）	胸围（cm）	胸深（cm）	胸宽（cm）	尾宽（cm）	尾长（cm）
公	15	45.2±3.6	67.9±2.1	73.5±2.3	81.2±4.9	28.9±1.2	21.6±1.7	12.2±1.5	13.6±1.2
母	14	36.31±2.68	64.2±2.2	65.3±2.3	79.0±2.3	27.2±0.9	20.6±1.8	12.9±1.1	13.1±0.7

注：2007年1月在浙江杭州、嘉兴、湖州等地测定。

（二）生产性能

1. 产皮性能

（1）湖羊羔皮 湖羊羔皮具有皮板轻柔、毛色洁白、花纹呈波浪状、花案清晰、紧贴皮板、扑而不散、有丝样光泽、光润美观等特点，享有"软宝石"之称。根据羔皮波浪状花纹宽度可分为大花、中花和小花。以羔羊出生当天宰剥的皮板质量最佳，随着日龄的增加，花纹逐渐松散、品质降低。湖羊羔皮经鞣制后，可染成各种色彩，供制作时装、帽子、披肩、围巾、领子等。

（2）袍羔皮 又称"浙江羔皮"。指湖羊2～4月龄时剥取的幼龄羊 / 皮板，袍羔皮毛股洁白如丝，毛长5～6cm，光泽丰润，花纹松散，皮板轻薄，保暖性能良好，是良好的制裘原料。

（3）大湖羊皮 也称"老羊板"，为剥取10月龄以上的大湖羊的皮板，毛长6～9cm，花纹松散，皮板壮实，既可制裘，又是制革的上等原料。大湖羊皮革以质轻、柔软、光泽好而闻名。

2. **产肉性能** 湖羊屠宰性能见表1-8。

表1-8 湖羊8～10月龄羊屠宰性能

性别	只数	宰前活重（kg）	胴体重（kg）	屠宰率（%）	净肉重（kg）	净肉率（%）	骨重（kg）	肉骨比
公	15	45.2±3.6	24.2±2.2	53.5	19.3±1.8	42.7	4.9	3.9
母	14	36.3±2.7	19.1±2.0	52.6	15.7±1.8	43.3	3.3	4.8

注：2007年1月在浙江杭州、嘉兴、湖州等地测定。

湖羊肌肉中含粗蛋白 18.71%、粗脂肪 2.38%，必需氨基酸种类齐全，赖氨酸、亮氨酸、缬氨酸和苏氨酸等氨基酸的含量均较丰富，其中赖氨酸含量占必需氨基酸总量的 31.7%。

3. 产毛性能　湖羊每年剪毛两次，剪毛量公羊 1.65 kg、母羊 1.16 kg。其羊毛属异质毛，毛被纤维类型重量百分比中无髓毛占 78.49%，其余为有髓毛与死毛。

4. 产乳性能　湖羊的泌乳性能较好。据浙江省农业科学院测定资料，湖羊泌乳期为 4 个月，120 d 产奶 100 kg 以上，高者可达 300 kg。湖羊奶外观较浓稠，乳汁主要化学成分为粗蛋白 6.58%、乳糖 5.65%、矿物质 0.97%。

5. 繁殖性能　湖羊性成熟早，公羊为 5 ～ 6 月龄，母羊为 4 ～ 5 月龄；初配年龄公羊为 8 ～ 10 月龄，母羊为 6 ～ 8 月龄。母羊四季发情，以 4 ～ 6 月份和 9 ～ 11 月份发情较多，发情周期 17 d，妊娠期 146.5 d；繁殖力较强，一般每胎产羔 2 只以上，多的可达 6 ～ 8 只，经产母羊平均产羔率 277.4%，一般两年产 3 胎。羔羊初生重：公羔 3.1 kg，母羔 2.9 kg；45 日龄断奶重公羔 15.4 kg，母羔 14.7 kg。羔羊断奶成活率 96.9%。

四、 推广利用情况

在浙江省、江苏省建有湖羊保种场和保护区，开展湖羊品种资源的保护工作。在保持湖羊羔皮优良性能的前提下，肉用性能也得到了有效的开发利用。湖羊 1989 年收录于《中国羊品种志》，2000 年列入《国家畜禽品种保护名录》，2006 年列入《国家畜禽遗传资源保护名录》。我国 1984 年发布了《湖羊》国家标准 (GB/T 4631—1984)，2006 年 9 月发布了修订的《湖羊》国家标准 (GB 4631—2006)。2008 年建立了国家级湖羊保种场，现以活体形式保种。

五、品种评价

湖羊是世界著名的多羔绵羊品种，具有性成熟早、繁殖力高、四季发情、前期生长速度较快，耐湿热、耐粗饲、宜舍饲、适应性强等优良性状，尤其是多羔性的遗传性能稳定，携带有 FceB 基因。所产羔皮花案美丽，肉质细嫩、鲜美、膻味少。今后应加大本品种选育的力度，突出湖羊羔皮性能和多羔性能的选育，在保证优质羔皮品质的基础上，提高其生长速度和肉用性能。

第四节　滩　羊

一、一般情况

（一）品种名称

滩羊，又名白羊，属轻裘皮用型绵羊地方品种。

（二）中心产区及分布

滩羊原产于宁夏回族自治区贺兰山东麓洪广营地区。分布于宁夏回族自治区及与陕西省、甘肃省、内蒙古自治区接壤处。陕西省滩羊产区为定边县，集中分布在定边县的周台子、盐场堡、白泥井、城关、贺圈、红柳沟、冯地坑、海子梁等 8 个乡（镇），以周台子、贺圈、盐场堡、红柳沟 4 个乡（镇）和定边县滩羊场数量最多，占全县滩羊总数的 70%。

二、培育过程

滩羊是由蒙古羊在干旱半荒漠自然生态环境下，经过长期风土驯化及当地群众精心选育而形成的地方绵羊品种。形成历史悠久，据清乾隆二十年（公元 1755 年）《银川小志》记载"宁夏各州，俱产羊皮，灵州（今灵武一带）出长毛麦穟"。此处的麦穟即当今的花穗。到了清末，滩羊裘皮名扬四方，为我国裘皮之冠。据《甘肃新通志》记载，"裘"，宁夏特佳；《朔方道志》中曾记载"裘，羊皮狐皮皆可做裘，而洪广（今宁夏贺兰县洪广营乡）之羊皮最胜，俗名滩皮"。滩羊一词来自"滩皮"，据调查山西交城皮货商到宁夏收购羊皮时，发现羊在草滩地上放牧，就将其所产的二毛皮称为"滩皮"，并在皮板上加盖"滩皮"字样，远销各地，后人就将产滩皮的羊叫作滩羊。

三、品种特征和性能

（一）体型外貌特征

1. 外貌特征　滩羊体躯被毛为白色，纯黑者极少，头、眼周、颊、耳、嘴端多有褐色、黑色斑块或斑点。体格中等，鼻梁稍隆起，眼大、微凸出。耳分大、中、小三种，大耳和中耳薄而下垂，小耳厚而竖立。公羊有大而弯曲的螺旋形角，大多数角尖向外延伸，其次为角尖向内的抱角和中、小型弯角；母羊多无角，有的为小角或仅留角痕。颈部丰满、中等长，颈肩结合良好，背平直，鬐甲略低于十字部。体躯较窄长，尻斜。四肢端正，蹄质致密坚实。尾为长脂尾，尾根宽阔，尾尖细圆，长达飞节或过飞节。尾形分三角形、长三角形、楔形、楔形 S 状尾尖等，其中以楔形 S 状尾尖居多。被毛为异质毛，呈毛辫状，毛细长而柔软，细度差异较小，前后躯表现一致。头、四肢、腹下和尾部毛较体躯毛粗。

滩羊母羊　　　　　　　　　　滩羊二毛羔羊

羔羊出生后，体躯被有许多弯曲的长毛，被毛自然长度 5 cm 左右，二毛期毛股长达 7 cm，一般毛股上有 5 ～ 7 个弯曲，呈波浪形。弯曲较多而整齐的毛股，紧实清晰，花穗美观，光泽悦目，腹毛着生较好。

2. **体重和体尺**　滩羊成年羊体重和体尺见表 1-9。

表 1-9　滩羊成年羊体重和体尺

性别	只数	体重（kg）	体高（cm）	体长（cm）	胸围（cm）	胸宽（cm）	尾宽（cm）	尾长（cm）
公	42	55.4 ± 14.3	69.7 ± 5.9	76.4 ± 7.7	89.7 ± 8.6	22.6 ± 3.0	13.4 ± 0.3	32.9 ± 4.4
母	177	43.7 ± 9.1	66.1 ± 5.8	73.2 ± 6.9	87.5 ± 10.5	22.0 ± 3.1	6.9 ± 1.0	24.1 ± 3.5

注：2007 年在盐池、同心、灵武、海原县及红寺堡开发区测定。

（二）生产性能

1. **裘皮品质**

滩羊二毛皮　指羔羊 1 月龄左右、毛股长度达 8 cm 时宰杀获取的皮张。根据毛股粗细、紧实度、弯曲的多少及均匀性、无髓毛含量的不同，可将花穗分为以下几种：

串字花：毛股上有弧度均匀的平波状弯曲 5 ～ 7 个，弯曲排列形似串字，弯曲部分占毛股的 2/3 ～ 3/4，毛股粗细为 0.4 ～ 0.6 cm，根部柔软，可向四方弯倒，呈萝卜丝状，毛股顶端有半圆形弯曲，光泽柔和、呈玉白色。少数串字花毛股较细，弯曲数多达 7 ～ 9 个，弯曲弧度小，花穗十分美观，称为"绿豆丝"或"小串字花"。

软大花：毛股弯曲较少，一般为 4～5 个，毛股粗细 0.6 cm 以上，弯曲部分占毛股长度的 1/2～2/3，毛股顶端为柱状，扭转卷曲，下部无髓毛含量多、保暖性强，但美观度较差。

其他还有核桃花、蒜瓣花、笔筒花、卧花、头顶一枝花等，因其弯曲数少、弯曲弧度不均匀、无髓毛多、毛股松散、美观度差，均列为不规则花穗。

二毛皮纤维细长，纤维类型比例适中，被毛由有髓毛和无髓毛组成。据测定，每平方厘米有毛纤维 2 325 根，其中有髓毛占 54%、无髓毛占 46%；有髓毛细度（26.6±7.67）μm，无髓毛细度（17.4±4.36）μm。二毛皮板质致密、结实、弹性好、厚薄均匀，平均厚度 0.78 cm；皮张重量小，产品轻盈、保暖。

滩羊羔皮　指羔羊毛股长度不到 7 cm 时宰杀的皮张。其特点是毛股短、绒毛少、板质薄、花案美观，但保暖性较差。

2. 肉性能　滩羊屠宰性能见表 1-10。

表 1-10　滩羊屠宰性能

羊别	只数	宰前活重 (kg)	胴体重 (kg)	屠宰率 (%)	净肉率 (%)	肉骨比
羯羊	16	34.0±8.0	16.3±4.3	47.9	36.5	3.2
二毛羔羊	16	14.7±3.2	7.9±1.9	53.7	39.2	2.7

注：2006 年对 12 月龄羯羊和二毛皮羔羊进行屠宰测定。

羊肉质细嫩、膻味少。据测定肉中蛋白质含量为 18.6%，肌肉内脂肪含量 1.8%；必需氨基酸占氨基酸总量的 41.4%，氨基酸中谷氨酸占 15.1%；脂肪酸中油酸占 29.5%，亚油酸占 1.0%，二十碳五烯酸 1.8%，二十二碳六烯酸 0.4%。每 100 g 羊肉中含胆固醇 28.8 mg。

3. 产毛性能　滩羊产毛性能见表 1-11。

表 1-11　滩羊成年羊春毛产毛量及羊毛品质

性别	产毛量（kg）	纤维伸直长度（cm）			纤维细度（μm）		
		有髓毛	两型毛	无髓毛	有髓毛	两型毛	无髓毛
公	1.5~1.8	12.82	7.62	7.58	72.27	40.14	19.97
母	1.6~2.0	16.21	9.76	8.77	59.45	34.02	18.32

滩羊被毛属优质异质毛、呈毛辫状，纤维细长、柔软、光泽好、弹性强、细度差异小，前后躯一致，羊毛纤维类型比例适中，是生产高级提花毛毯的优质原料。据测定，羊毛纤维类型数量百分比为有髓毛 6.30%、两型毛 17.60%、无髓毛 76.10%；其重量百分比分别为 19.60%，43.20%，37.20%。

4. 繁殖性能　滩羊一般 6～8 月龄性成熟。初配年龄公羊 2.5 岁，母羊 1.5

岁，属季节性繁殖。母羊多在 6～8 月发情，发情周期 17～18 d，发情持续期 1～2 d，产后 35 d 左右即可发情，妊娠期 151～155 d；受胎率 95.0% 以上。放牧情况下，成年母羊一年产一胎，多为一羔，双羔率极低。成活率冬羔 95%，春羔 86%。舍饲母羊产后发情比例增多，一年两胎或两年三胎羊的数量增加，产羔率 101%～103%。羔羊初生重：公羔 3.76 kg，母羔 3.57 kg；断奶重：公羔 21.21 kg，母羔 13.32 kg；哺乳期日增重：公羔 145.0 g，母羔 81.0 g。羔羊断奶成活率 95.0%～97.0%。

四、推广利用情况

滩羊保种采用保种场和基因库保护。20 世纪 50 年代后期，成立了自治区滩羊选育场，开始对滩羊进行系统选育。1987 年成立了宁夏、甘肃、陕西、内蒙古四省（区）滩羊选育协作组，制定了"滩羊"国家标准，选育出两个"串字花"品系。进入 20 世纪 90 年代后，由于裘皮需求量逐年减少，品质日益下降。近 10 年来，滩羊主产区以规模养殖场（户）为主体，建立滩羊开放式核心选育群，开展品种登记、种羊鉴定、建立档案等选育工作，群体质量得到逐步提高。滩羊 1989 年收录于《中国羊品种志》，2000 年列入《国家畜禽品种保护名录》，2006 年列入《国家畜禽遗传资源保护名录》。我国 1980 年发布了《滩羊》国家标准（GB/TX 2033—1980），2008 年 4 月发布了修订后《滩羊》国家标准（GB/TY 2033—2008）。2008 年宁夏盐池滩羊选育场列入国家级畜禽遗传资源保种场。滩羊除活体保种外，其精液和胚胎等遗传物质已由国家家畜基因库保存。

近年来，应用分子生物学技术，揭示了滩羊的来源及其与蒙古羊等绵羊品种的类缘关系，从细胞、生理生化、分子遗传学等方面，对在滩羊群体中发现的多胎突变家系进行了系统研究，初步确定了其遗传模式，为滩羊的进一步选育提出了新的思路和方法。

五、品种评价

滩羊是我国独特的白色二毛裘皮用绵羊品种，其二毛皮羊毛纤维细长、花穗美观、毛股紧实、轻盈柔软、颜色洁白、光泽悦目，肉质细嫩、膻味轻。滩羊体质结实、耐寒抗旱、耐风沙袭击、适应性好、遗传性能稳定，今后应根据市场需求，不断加强本品种选育，要重点提高产肉性能和繁殖力，不断改进品种整齐度，开发皮、毛、肉新产品，提高滩羊总体经济效益。

第五节 小尾寒羊

一、一般情况

（一）品种名称

小尾寒羊，属肉裘兼用型绵羊地方品种。

（二）中心产区及分布

小尾寒羊原产于黄河流域的山东、河北及河南一带。中心产区位于山东南部梁山、嘉祥、汶上、郓城、鄄城、巨野、东平、阳谷等地区。河北南部黑龙港流域，河南濮阳市台前县、安阳、新乡、洛阳、焦作、济源、南阳等市也有分布。

二、培育过程

据考证，小尾寒羊源于蒙古羊，随我国北方少数民族的迁徙进入中原（黄河流域）。由于气候条件和饲养条件的改变，以及长期向肉用、裘用和喜斗方向选育，逐渐形成了独特的品种。

据《完县新志》（1934）记载："绵羊一种以绥远二十家子所产为最良，县人多赴此地购买。有大尾、小尾、黑头、白头数种，大尾者为本地产，小尾者为绥远产。"

三、品种特征和性能

（一）体型外貌特征

1. 外貌特征 小尾寒羊被毛白色，极少数羊眼圈、耳尖、两颊或嘴角以及四肢有黑褐色斑点，体质结实，体格高大，结构匀称，骨骼结实，肌肉发达。头清秀，鼻梁稍隆起，眼大有神，嘴宽，耳大下垂。公羊有较大的三菱形螺旋状角，母羊半数有小角或角基。公羊颈粗壮，母羊颈较长。公羊前胸较宽深，鬐甲高，背腰平直，前后躯发育匀称，侧视略呈方形。母羊胸部较深，腹部大而不下垂；乳房容积大，基部宽广，质地柔软，乳头大小适中。四肢高而粗壮有力，蹄质坚实。属短脂尾，尾呈椭圆扇形，下端有纵沟，尾尖上翻。

小尾寒羊公羊　　　　　　　　　　　小尾寒羊母羊

2. 体重和体尺 小尾寒羊成年羊体重和体尺见表1-12。

表1-12 小尾寒羊成年羊体重和体尺

类群	性别	只数	体重（kg）	体高（cm）	体长（cm）	胸围（cm）	尾宽（cm）	尾长（cm）
山东	公	40	103.9 ± 25.7	95.2 ± 7.1	103.3 ± 9.1	119.0 ± 10.2	17.1 ± 2.1	17.6 ± 1.8
	母	60	64.4 ± 8.4	83.7 ± 3.0	90.9 ± 7.0	106.0 ± 6.0	14.7 ± 0.6	14.9 ± 0.7
河北	公	11	63.5 ± 12.4	79.0 ± 4.5	79.4 ± 5.6	91.6 ± 6.7	17.6 ± 4.8	32.4 ± 2.4
	母	69	53.8 ± 8.6	72.5 ± 5.4	74.1 ± 5.9	88.6 ± 6.1	16.6 ± 7.0	31.7 ± 3.3
河南	公	40	113.3 ± 7.8	99.9 ± 10.1	99.3 ± 11.9	130.0 ± 15.0	24.0 ± 2.0	29.0 ± 2.0
	母	60	65.9 ± 6.8	82.4 ± 4.4	83.5 ± 6.2	104.0 ± 12.0	17.0 ± 2.0	22.0 ± 2.0

注：2006年10月至2007年2月在河北威县、大名、南宫，山东梁山、嘉祥等县（市）和河南省的一些县（市）测定。

（二）生产性能

1. 产肉性能 小尾寒羊屠宰性能见表1-13。

表1-13 小尾寒羊屠宰性能

性别	只数	宰前活重（kg）	胴体重（kg）	屠宰率（%）	净肉率（%）	肉骨比
公	15	67.2 ± 6.6	35.8 ± 4.5	53.3 ± 1.9	43.6 ± 2.2	4.5 ± 0.2
母	15	54.2 ± 6.2	28.0 ± 3.1	51.7 ± 2.1	42.1 ± 1.7	4.4 ± 0.3

注：2007年2月在山东省嘉祥县测定。

小尾寒羊生长发育快、3月龄羔羊断奶体重：公羔（27.7 ± 0.71）kg，母羔（25.10 ± 0.96）kg。肉品质好、蛋白含量高、氨基酸丰富、肉味浓郁，为肉中之佳品。据测定，肌肉中含水分78.64%，粗蛋白19.55%、粗灰分1.03%。

2. 产毛性能 小尾寒羊被毛异质，按毛丛结构可分为三种，粗毛型被毛中有髓毛直而粗，裘皮型被毛呈毛股结构，细毛型被毛部分为毛丛结构。

小尾寒羊一年剪毛两次。剪毛量：公羊3.5 kg，母羊2.1～3.0 kg；毛纤维类型重量比为有髓毛 11.6%，无髓毛 75.1%，两型毛 11.1%，干死毛 2.2%。有髓毛直径平均为 49.2 μm。被毛长度公羊 20.6 cm，母羊 10.8 cm；羊毛密度公羊 1 662.3 根 /cm²，母羊 1 524.8 根 /cm²；净毛率平均 65.54%。

3. 裘皮品质 裘皮型小尾寒羊，羔皮皮板轻薄、毛较清晰，具有波浪形弯曲，花纹美观，以 30 ～ 60 日龄羔羊剥取的大毛皮品质最好。皮较结实，弯曲数平均 3.2 个，有花面积占（98.61 ± 1.41）%。板皮质地坚韧、弹性好，适于制革。

4. 泌乳性能 小尾寒羊母羊乳房发育好、产乳性能高，据测定平均日产乳量 645 g，乳脂率 7.94%，乳蛋白率 5.80%，乳糖率 3.97%，干物质 18.59%。

5. 繁殖性能 小尾寒羊性成熟早，公羊 6 月龄性成熟，母羊 5 月龄即可发情，当年可产羔。初配月龄公羊为 12 月龄，母羊为 6 ～ 8 月龄。母羊常年发情，但以春、秋季较为集中；发情周期 16.8 d，发情持续期为 29.4 h，妊娠期 148.5 d；年平均产羔率 267.1%，羔羊断奶成活率 95.5%。绝大部分母羊一年产两胎，每胎产两羔者非常普遍，三四羔也常见，最高可产七羔，且随胎次的增加而提高。

四、推广利用情况

山东省于 1980 年由农业农村部投资建成了国家级小尾寒羊保种场——嘉祥种羊场。2002 年对嘉祥和梁山两县小尾寒羊进行了品种登记。河南省在 1990 年建立了河南小尾寒羊保种场，划定区域开展选育。2008 年山东省嘉祥种羊场列入国家级畜禽遗传资源保种场。小尾寒羊 1989 年收录于《中国羊品种志》，2000 年列入《国家畜禽品种保护名录》，2006 年列入《国家畜禽遗传资源保护名录》。我国 2008 年 12 月发布了《小尾寒羊》国家标准（GB/T 22909—2008）。

五、品种评价

小尾寒羊具有性成熟早、繁殖率高、生长发育快、屠宰率高、肉质细嫩、裘用价值高、适应性强、耐粗饲等优良特点，且遗传性能稳定，是我国高繁殖性能绵羊品种之一，其携带的控制高产羔数的 FecB 基因，在提高绵羊繁殖力方面具有重要作用，可作为肉羊生产的母本品种。今后应进一步加强本品种选育，在增大体格的同时，加强高繁品系的培育，不断提高其产肉性能及总体经济效益。

第六节　萨福克羊

一、一般情况

（一）品种名称

萨福克羊，属肉用羊引入品种。

（二）中心产区及分布

20世纪70年代我国从澳大利亚引进萨福克羊，分别饲养在新疆和内蒙古。随后各地相继引入萨福克种羊，主要分布在新疆、内蒙古、北京、宁夏、吉林、河北和山西等北方大部分地区。

二、培育过程

萨福克羊原产于英国英格兰东南部的萨福克、诺福克、剑桥和艾塞克斯等地。该品种是以南丘羊为父本，当地体型较大、瘦肉率高的旧型黑头有角诺福克羊为母本进行杂交，于1859年育成。

三、品种特征和性能

（一）体型外貌特征

萨福克羊体躯主要部位被毛为白色，偶尔可发现有少量的有色纤维，头和四肢为黑色。体格大、头短而宽，鼻梁隆起，耳大。公、母均无角。颈粗短，胸宽，背、腰、臀部宽长而平。体躯呈圆桶状，四肢较短，肌肉丰满，后躯发育良好。

萨福克公羊

萨福克母羊

（二）生产性能

萨福克羊体格大、早熟、生长发育快，体重：成年公羊 100～136 kg、成年母羊 70～96 kg、剪毛量：成年公羊 5～6 kg、成年母羊 2.5～3.6 kg、毛长 7～8 cm，毛细度 50～58 支，净毛率 60%。被毛白色，偶尔出现有色纤维。产肉性能好，京育肥的 4 月龄羊胴体重：公羊 24.4 kg，母羊 19.7 kg。繁育性能好，公、母羊 7 月龄性成熟，母羊全年发情，产羔率 130%～165%。

四、推广利用情况

萨福克羊引入我国后，其杂交改良效果明显，在全年以放牧为主和冬、春补饲的条件下，用萨福克公羊与蒙古羊、细毛羊低代杂种母羊杂交，190 日龄杂种一代羯羔，宰前活重 37.2 kg，胴体重 18.33 kg，屠宰率 49.27%，净肉重 13.49 kg，胴体净肉率 73.6%；用萨福克羊与湖羊杂交，7 月龄羔羊宰前活重（37.33±1.20）kg，胴体重（18.45±0.64）kg，屠宰率 49.42%，胴体净肉率 74.55%，肉骨比 3.99。

五、品种评价

萨福克羊是世界上大型肉羊品种之一，肉用体型突出，繁殖率、产肉率、日增重高，肉质好，被各引入地作为肉羊生产的终端父本。今后应充分发挥萨福克羊优良型性状的作用，促进我国优质肥羔生产。

第七节　杜泊羊

一、一般情况

（一）品种名称

杜泊羊，属肉用羊引入品种。

（二）中心产区及分布

杜泊羊分长毛型和短毛型。长毛型羊可生产地毯毛，较适应寒冷的气候条件；短毛型羊毛短，抗炎热和雨淋能力强。目前，在南非、西亚、南美洲，美国、澳大利亚和新西兰等国家和地区饲养的主要是短毛型羊。2001 年我国首次从澳大利亚引进杜泊羊。

二、培育过程

杜泊羊原产于南非共和国。用从英国引入的有角陶赛特羊品种公羊与当地的波斯黑头羊品种母羊杂交，经选择和培育而成的肉用绵羊品种。南非于1950年成立杜泊肉用绵羊品种协会，促使该品种得到迅速发展。

三、品种特征和性能

（一）体型外貌特征

杜泊羊的毛色有两种类型：一种为头颈黑色，体躯和四肢为白色；另一种全身均为白色，但有的羊腿部有时也出现色斑。杜泊羊一般无角，头顶平直，长度适中，额宽，鼻梁隆起。耳大稍垂，既不短也不过宽。颈短粗，前胸丰满，肩宽厚，背腰平阔，肋骨拱圆，臀部方圆，后躯肌肉发达。四肢较短而强健，骨骼较细，肌肉外突。体型呈圆桶状，肢势端正，长瘦尾。

杜泊羊公羊　　　　　　　　　　　杜泊羊母羊

（二）生产性能

杜泊羊生长发育快，初生重：公羔（5.20±1.00）kg，母羔（4.40±0.90）kg；3月龄体重：公羔（33.40±9.70）kg，母羔（29.30±5.00）kg；6月龄体重：公羔（59.40±10.60）kg，母羔（51.40±5.00）kg；12月龄体重：公羊（82.10±11.30）kg，母羊（71.30±7.30）kg；24月龄体重：公羊（120.00±10.30）kg，母羊（85.00±10.20）kg。

杜泊羊产肉性能好，在放牧条件下，6月龄体重可达60 kg以上；在舍饲肥育条件下，6月龄体重可达70 kg。肥羔屠宰率55%，净肉率46%。胴体瘦肉率高，肉质细嫩多汁、膻味轻、口感好，特别适于肥羔生产。

板皮质量好，皮张柔软，伸张性好，皱褶少且不易老化。

繁殖性能好，公羊5～6月龄、母羊5月龄性成熟，公羊10～12月龄、母羊 8 ～ 10 月龄初配。母羊四季发情，发情周期 17 d（14 ～ 19 d），发情持续期 29 ～ 32 h，妊娠期 148.6 d。母羊初产产羔率 132%，第二胎 167%，第三胎 220%。在良好的饲养管理条件下，可两年产三胎。

四、推广利用情况

杜泊羊食性广、耐粗饲、抗病力较强，能广泛适应多种气候条件和生态环境，并能随气候变化自动脱毛。但在潮湿条件下，易感染寄生虫病。目前，在我国山东、河北、山西、内蒙古、宁夏等地均有饲养。

在完全放牧饲养条件下，5 月龄杜泊羊与蒙古羊的杂种羔羊平均胴体重 20.22 kg，胴体净肉重 16.65 kg，屠宰率 51.7%，胴体净肉率 82.34%。皮肤较厚，皮板质量好，适合制革。

五、品种评价

杜泊羊具有典型的肉用体型，肉用品质好，体质结实，对炎热、干旱、寒冷等气候条件有良好的适应性。与我国地方绵羊品种杂交，一代杂种增重速度较快、产肉性明显提高，可作为生产优质肥羔的终端父本和培育肉羊新品种的育种亲本。

第八节　特克塞尔羊

一、一般情况

（一）品种名称
特克赛尔羊，属肉用羊引入品种。

（二）中心产区及分布
20 世纪 60 年代我国从法国引进特克赛尔羊，饲养在中国农业科学院畜牧研究所。自 1995 年以来，我国辽宁、宁夏、北京、河北、陕西和甘肃等地先后引进该品种羊。

二、培育过程
特克赛尔羊原产于荷兰特克赛尔岛，20 世纪初用林肯羊、莱斯特羊与当地马尔盛夫羊杂交，经过长期选择培育而成。

三、品种特征和性能

（一）体型外貌特征

特克赛尔羊头大小适中、清秀，无长毛。公、母羊均无角。鼻端、眼圈为黑色。颈中等长，鬐甲宽平，胸宽，背腰平直而宽，肌肉丰满，后躯发育良好。

特克赛尔羊公羊

特克赛尔羊母羊

（二）生产性能

特克赛尔羊体重：成年公羊 110～130 kg，成年母羊 70～90 kg。剪毛量 5～6 kg，净毛率60%，毛长 10～15 cm，毛细度 50～60 支。羔羊肌肉发达，肉品质好，瘦肉率和胴体分割率高。生长发育快、早熟，羔羊 70 日龄前平均日增重 300 g，在适宜的草场条件下，120 日龄羔羊体重达 40 kg，6～7月龄羊体重达 50～60 kg。繁殖性能好，母羊 7～8 月龄便可配种繁殖，产羔率150%～160%，高的达200%。

四、推广利用情况

目前特克赛尔羊在养羊业发达国家已经成为生产肥羔的首选终端父本。20 世纪 60 年代我国曾从法国引进过此羊，1995 年后又多次引进，杂交改良效果较好。江苏省用特克赛尔羊与湖羊杂交，7 月龄羔羊宰前活重（38.51±3.05）kg，胴体重（19.06±2.13）kg，屠宰率49.49%±2.11%，胴体净肉率（40.89%±3.23）%，肉骨比为 4.75，各项指标均显著优于湖羊，其中宰前活重、胴体重比湖羊分别提高 37.98% 和 48.56%。

五、品种评价

特克赛尔羊生长速度快、肉品质好、适应性强、耐粗饲、抗病力强、耐寒，可作为经济杂交生产优质肥羔以及培育肉羊新品种的父本。

第九节　东佛里生羊

一、一般情况

（一）品种名称

东佛里生羊，属乳肉兼用羊引入品种。

（二）中心产区及分布

东佛里生羊原产于荷兰和德国西北部，是目前世界上绵羊品种中产奶性能最好的品种。

二、培育过程

该品种是在原产地经过长期人工选择培育而成的早熟乳肉兼用品种。

品种特征和性能

（一）体型外貌特征

东佛里生羊体格大，体型结构良好，公、母羊均无角。被毛白色，偶有纯黑色个体。体躯宽而长，腰部结实，肋骨拱圆，臀部略有倾斜，长瘦尾，无绒毛；乳房结构优良，宽广，乳头发育良好。

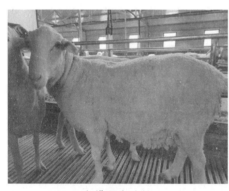 

东佛里生公羊　　　　　　　　　　　　东佛里生母羊

（二）生产性能

成年公羊活重为 90～120 kg，成年母羊为 70～90 kg。成年公羊剪毛量为 5～6 kg，成年母羊在 4.5 kg 以上，羊毛同质。成年公羊毛长为 20 cm，成年母羊为 16～20 cm，羊毛细度为 46～56 支，净毛率为 60%～70%。成年母羊 260～300 d 产奶量为 500～810 kg，乳脂率为 6%～6.5%。产羔率为

200%～230%。对温带气候条件有良好的适应性。

三、推广利用情况

近年来，我国北京、辽宁等地已有引进。

四、品种评价

由于东佛里生羊优良的产奶、产肉性能，可作为培育乳肉兼用新品种的父本。

第十节　关中奶山羊

一、一般情况

（一）品种名称

关中奶山羊是我国培育的优良乳用山羊品种，由西北农业大学（今西北农林科技大学）和陕西省各基地县畜牧技术部门共同培育。

（二）中心产区及分布

关中奶山羊主产于陕西关中地区的富平、三原和泾阳等县，主要分布于渭南、咸阳、宝鸡、西安等市县（区）。2006年底存栏129.4万只，其中渭南市30.6%、宝鸡市33.0%、咸阳市19.8%、西安市13.5%、铜川市3.1%等。

二、培育过程

关中奶山羊是从20世纪30年代起，利用萨能奶山羊同当地山羊进行育成杂交，经过长期繁育和有计划选育形成的。品种育成与当地优越的自然生态条件、丰富的饲草饲料资源和群众的精心饲养管理有密切关系。1990年通过国家畜禽品种验收鉴定，并正式命名。

三、品种特征和性能

（一）体型外貌特征

1. **外貌特征**　关中奶山羊体质结实，乳用体型明显。毛短色白，皮肤为粉红色。头长，额宽，眼大，耳长，鼻直，嘴齐。部分羊体躯、唇、鼻及乳房皮肤有大小不等的黑斑。有的羊有角、额毛，肉垂。公羊头颈长，胸宽深。

母羊背腰长而平直、腹大、不下垂，尻部宽长、倾斜适度；乳房大、多呈方圆形、质地柔软，乳头大小适中。公、母羊四肢结实、肢势端正、蹄质坚实。

关中奶山羊公羊　　　　　　　　　　　关中奶山羊母羊

2. 体重和体尺　关中奶山羊成年羊体重和体尺见表1-14。

表1-14　关中奶山羊成年羊体重和体尺

性别	只数	体重（kg）	体高（cm）	体长（cm）	胸围（cm）
公	20	66.5 ± 20.4	87.2 ± 7.8	87.3 ± 8.5	99.0 ± 12.1
母	80	56.4 ± 9.9	75.0 ± 4.3	78.9 ± 5.9	94.2 ± 6.5

注：2006年1月至2007年10月由渭南市畜牧兽医工作站、富平县奶山羊办公室、临渭区畜牧站、蒲城县畜牧站分别在富平县、临渭区、蒲城县三县五个点测定。

（二）生产性能

1. 产奶性能　据测定74只关中奶山羊年产奶量平均为684 kg，其泌乳性能以二、三、四胎产奶量最高，鲜奶乳脂率4.1%。关中奶山羊鲜奶的化学成分见表1-15。

表1-15　关中奶山羊年产奶量及鲜乳成分

只数	产奶量（kg）	水分（%）	干物质（%）	粗蛋白（%）	粗脂肪（%）	乳糖（%）	其他（%）
74	684.4	87.2	12.80	3.35	4.12	4.31	0.02

2. 产肉性能　关中奶山羊屠宰性能见表1-16。

表1-16　关中奶山羊屠宰性能

性别	只数	宰前活重（kg）	屠宰率（%）	净肉率（%）	肉骨比
公	15	34.3	53.3	39.5	4.1
母	15	34.6	51.6	37.4	3.9

注：测定12月龄左右的公、母羊各15只。

3. 繁殖性能　关中奶山羊5～8月龄性成熟，公羊8月龄左右、母羊6～9月龄为初配年龄。母羊发情周期20 d，发情持续期30 h，妊娠期150 d，产羔率 188%。

公羔初生重 3.7 kg，1 月龄断奶重 9.5 kg，平均日增重 200 g；母羔初生重 3.3 kg，1 月龄断奶重 8.5 kg，平均日增重 200 g。羔羊断奶成活率 96.9%。

四、推广利用情况

近 20 年来关中奶山羊存栏数逐年上升，由 1981 年的 61.36 万只增加到 2006 年的 129.4 万只。建立了陕西中北富平关中奶山羊原种场、淳化奶山羊良种繁殖场等，现实行活体保种。关中奶山羊 1989 年收录于《中国羊品种志》。我国 1986 年发布了《关中奶山羊》农业行业标准（NY 23—1986）。

关中奶山羊目前已经推广到全国各地，每年推广种羊近 10 万只，对全国各自然生态环境条件表现出广泛的适应性。

五、品种评价

关中奶山羊体质结实、乳用体型明显、产奶性能好、抗病力强、耐粗饲、易管理、适应性广、肉质鲜美、遗传性能稳定，是我国优良的乳用山羊品种。今后应继续加强本品种选育，进一步改善饲养管理条件，提高其产奶量。

第十一节　波尔山羊

一、一般情况

（一）品种名称

波尔山羊是世界上著名的肉用山羊品种，以体型大、增重快、产肉多、耐粗饲而著称。

（二）中心产区及分布

波尔山羊是由南非培育的肉用型山羊品种，1995 年 1 月我国首次从德国引进 25 只波尔山羊，分别饲养在陕西省和江苏省。通过适应性饲养和纯繁后，逐步向四川、北京、山东等省、直辖市推广。1997 年以后又陆续引入该品种羊，2005 年后在我国山羊主产区均有分布。

二、培育过程

波尔山羊是目前世界上公认的最理想的肉用山羊品种之一，其原产地在南非共和国。南非波尔山羊的名称来自荷兰语"Boer"，意思是"农民"。波尔山羊的真正起源尚不清楚，但有资料说可能来自南非洲的霍屯督人和游牧部落斑图人饲养的本地山羊，在形成过程中还可能加入了印度山羊、安哥拉山羊和欧洲奶山羊的血缘。根据南非波尔山羊育种协会资料，波尔山羊有 5 个类型：

普通波尔山羊：肉用体型明显，毛短，体躯有不同的花斑。

长毛波尔山羊：被毛长而厚，肉质粗糙。

无角波尔山羊：无角，体型欠理想。

地方波尔山羊：腿长，体型多变而且不理想，体躯有不同的花斑。

改良型波尔山羊：是 20 世纪初好望角东部的农场主，在选择肉用山羊品种时逐步形成的。

南非波尔山羊育种协会于 1959 年成立，并制定和出版发行波尔山羊的种用标准。1970 年，南非实施国家绵、山羊性能和后裔测定计划，波尔山羊被纳入测定方案。测定分 5 个阶段，包括以下指标：母羊特征、产奶量、羔羊断奶前后的生长率、饲料转化率、公羔体重、在标准化饲养条件下断奶后公羔的生长率、公羊后裔胴体的定性和定量评定。现在，南非大约有 500 万只波尔山羊，主要分布在 4 个省，其中，现代改良型波尔山羊约有 160 万只。

三、品种特征和性能

（一）体型外貌特征

理想型的波尔山羊体躯为白色，头、耳和颈部为浅红色至深红色，但不超过肩部，并完全地色素沉着，广流星（前额及鼻梁部有一条较宽的白色）明显。除耳部外，种用个体的头部两侧至少要有直径为 10 cm 的色块，两耳至少要有 75% 的部位为红色，并要有相同比例的色素沉着。波尔山羊具有强健的头，眼睛清秀、棕色，鼻梁隆起。前额下陷，口窄，颌短，耳折叠，

波尔山羊公羊

波尔山羊母羊

背下陷,头颈部及前肢比较发达,体躯长、宽、深,肋部发育良好并完全开展,胸部发达,背部结实宽厚,臀腿部丰满,四肢结实有力。前肢 X 肢势,蹄内向或外向,长而粗糙的被毛,奶头粗大。

(二)生产性能

1. **肉用性能** 波尔山羊初生重一般为 3 ～ 4 kg,公羔比母羔重约 0.5 kg;断奶体重一般可达 20 ～ 25 kg;7 月龄时公羊体重为 40 ～ 50 kg,母羊为 35 ～ 45 kg;周岁时,公羊体重为 50 ～ 70 kg,母羊为 45 ～ 65 kg;公羊成年体重为 90 ～ 130 kg,母羊为 60 ～ 90 kg。

波尔山羊在 10 kg 活重时屠宰率为 40.3%,在 41 kg 时为 52.4%,成年公羊可达 56.2%。南非用波尔山羊与绵羊品种的比较试验中,波尔山羊的屠宰率为 48.3%,南非肉用美利奴羊为 46.6%,毛用美利奴羊为 41%,非毛用杜泊羊 48.5%;脂肪总含量,上述品种相应为 18.31%、11.8%、15% 和 16.7%;胴体脂肪含量为 18.2%、14.1%、17.9% 和 19.3%;肉骨比,波尔山羊为 4.7∶1,南非肉用美利奴羊、美利奴羊和杜泊羊分别为 4.41∶1、4.3∶1 和 4.8∶1。通过肉的嫩度和风味评定,波尔山羊肉的食用品质不如绵羊,嫩度差。用 4 个绵羊品种和波尔山羊研究其胶原质含量和溶解度,结果显示,波尔山羊的胶原质含量较高,而溶解度较低。

2. **繁殖性能** 波尔山羊母羔 6 月龄性成熟;公羔 3 ～ 4 月龄性成熟,但需到 5 ～ 6 月龄或体重 32 kg 时方可用做种用。在良好的饲养条件下,母羊可以全年发情。发情周期为 18 ～ 21 d,发情持续期为 37.4 h,妊娠期平均为 148 d。产后休情期,在产羔季节为 37 d,在非产羔季节为 60 d。产后第一次发情,最早在 20 d。波尔山羊每胎平均产两羔,其中,50% 的母羊产双羔,10% ～ 15% 的产三羔,在性能测定中的产羔率为 193%。如果用多胎性选择和良好的管理相结合,产羔率可达 225%。波尔山羊泌乳期前 8 周奶产量为 1.91 ～ 2.32 kg/ d,其中,乳脂率含量为 3.4% ～ 4.6%,蛋白质为 3.7% ～ 4.7%,乳糖为 5.2% ～ 5.4%。

四、推广利用情况

从 1995 年开始,我国先后从德国、南非、澳大利亚和新西兰等国引入波尔山羊数千只,分布在陕西、江苏、四川等 20 多个省。种羊引入后,各地采取加强饲养管理、采用繁殖新技术,加快了扩繁速度,使其迅速发展。同时,用波尔山羊对当地山羊进行杂交改良,产肉性能明显提高,我国 2003 年 11

月发布了《波尔山羊种羊》国家标准（GB 19376—2003）。

五、品种评价

波尔山羊 1995 年首次从德国引入我国以来，由于其独特的种质特性和肉用性能，国内 20 多个省，又先后分别从南非、澳大利亚和新西兰等地引进，各地除提供良好的饲养管理条件外，并广泛采用包括密集产羔、胚胎移植等繁殖新技术，使波尔山羊的数量迅速增加，同时，在江苏、安徽、河南、陕西、贵州、湖北等省用波尔山羊改良当地山羊效果十分显著，受到普遍欢迎。

——‖ 第二章 ‖——
羊 肉

第一节　羊肉概念

一、羊肉的成分及营养价值

羊肉属于高蛋白、低脂肪、低胆固醇的营养食品，其性甘温，补益脾虚，强壮筋骨，益气补中，具有独特的保健作用、经常食用可以增强体质，使人精力充沛，延年益寿。特别是羔羊肉具有瘦肉多、肌肉纤维细嫩、脂肪少、膻味轻、味美多汁、容易消化和富有保健作用等特点，深受消费者欢迎。我们中华民族的祖先，在远古时代发明的一个字——"羹"，意思是用肉和菜等做成的汤，从字形上来看，还可以这样来解释：即用羔羊肉做的汤是最鲜美的。冬春季节，我国北方几乎所有的大中城市，都有香味扑鼻、味美可口的高档食品——涮羊肉出售，而北京"东来顺饭庄"的涮羊肉更是驰名中外。涮羊肉主要原料是羔羊肉。现代涮羊肉的调制者也确认羔羊肉肥瘦相宜，色纹美观，到火锅中一涮即刻打卷，味道鲜美，肉质细嫩，为成年羊肉所不及。可见，古往今来，羔羊肉一直受到各民族的青睐。在国外，许多国家大羊肉和羔羊肉的产量不断变化，羔羊肉所占的比例增长较快，甚至有不少国家羔羊肉的产量远远超过大羊肉。生产羔羊肉成本低，产品率和劳动生产率比较高，羔羊肉售价又高，因而经营有利，发展迅速。如美国，现在的羔羊肉产量占全部羊肉总产量的70%。新西兰占80%，法国占75%，英国占94%。我国目前羔羊肉的产量在羊肉总产量中所占的比例不到30%。

当前，除信奉伊斯兰教的民族以牛肉、羊肉为主外，许多国家的消费者也趋向于取食牛羊肉，目的是减少动物性脂肪的取食量，以避免人体摄入过多的胆固醇，减少心血管系统疾病的威胁。根据中国预防医学科学院营养与食品卫生研究所测定（1991），在每100 g可食瘦肉中，常食用的几种主要肉类的热能值、化学成分和胆固醇含量见下表 2-1。

表 2-1　几种主要肉类的化学成分及产热量的比较

肉类	热量（kJ）	水分（g）	蛋白质（g）	脂肪（g）	碳水化合物（g）	胆固醇（mg）
羊肉	494	74.2	20.5	3.9	0.2	60
牛肉	444	75.2	20.2	2.3	1.2	58
猪肉	598	71.0	20.3	6.2	1.5	81
马肉	510	74.1	20.1	4.6	0.1	84
鸡肉	699	69.0	19.3	9.4	1.3	106
鸭肉	1004	63.9	15.5	19.7	0.2	94
鹅肉	1025	62.9	17.9	19.9	0.0	74
兔肉	427	76.2	19.7	2.2	0.9	59
鸽肉	481	66.6	16.5	14.2	1.7	99
鲤鱼	456	76.7	17.6	4.1	0.5	84

另外，据研究，在动物蛋白质中有一种能够燃烧细胞内部脂肪的氨基酸——"肉毒碱"，在心脏和骼肌等肌肉中，肉毒碱的含量特别多。2002 年，日本北海道大学对羊、牛和猪肉中的肉毒碱含量进行检测，发现羊肉中肉毒碱含量最多。每 100 g 羊肉中含有 188 ~ 282 mg。肉毒碱还有提高神经传导介质——乙酰胆碱的生成作用，同时，肉毒碱还有可能防止脑老化的功效。因此，从脑科学的角度看，羊肉也称得上是健康食品。

二、羊肉产肉力的测定

（一）胴体重

屠宰放血后，剥去毛皮、除去头、内脏及前肢膝关节和后肢趾关节以下部分后，整个躯体（包括肾脏及其周围脂肪）静置 30 min 后的重量。

（二）净肉重

指用温胴体精细剔除骨头后余下的净肉重量。要求在剔肉后的骨头上附着的肉量及耗损的肉屑量不能超过 300 g。

（三）屠宰率

指胴体重与羊屠宰前活重（宰前空腹 24 h）之比，用百分率表示。

屠宰率（%）=胴体重 ÷ 宰前活重 ×100

（四）净肉率

一般指胴体净肉重占宰前活重的百分比。胴体净肉重占胴体重的百分比则为胴体净肉率。

净肉率（%）＝净肉重 ÷ 宰前活重 × 100

胴体净肉率（%）＝净肉重 ÷ 胴体重 × 100

（五）骨肉比

指胴体骨重与胴体净肉重之比。

（六）眼肌面积

测量倒数第 1 与第 2 肋骨之间脊椎上眼肌（背最长肌）的横切面积，该测定值与产肉量呈高度正相关。测量方法：一般用硫酸绘图纸描绘出眼肌横切面的轮廓，再用求积仪计算出面积。如无求积仪，可用下面公式估测：

眼肌面积（cm^2）＝眼肌高度 × 眼肌宽度 × 0.7

GR 值指在第 12 与第 13 肋骨之间，距背脊中线 11 cm 处的组织厚度，作为代表胴体脂肪含量的标志（图 2-1）。GR 值（mm）大小与胴体膘分的关系：0 ～ 5 mm，胴体膘分为 1（很瘦）；6 ～ 10 mm，胴体膘分为 2（瘦）；11 ～ 15 mm，胴体膘分为 3（中等）；16 ～ 20 mm，胴体膘分为 4（肥）；21 mm 以上，胴体膘分为 5（极肥）；我国制定的羊肉质量分级标准（NY/T 630—2002）中，将 GR 值称为"肋肉厚"。

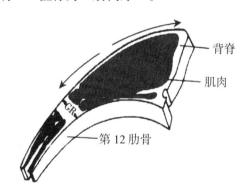

图 2-1　测定 GR 值部位示意图（单位：cm）

三、羊肉的品质评定

（一）肉色

肉色是指肌肉的颜色，是由组成肌肉中的肌红蛋白和肌白蛋白的比例所决定。但与肉羊的性别、年龄、肥度、宰前状态、放血的完全与否、冷却、冻结等加工情况有关。成年绵羊的肉呈鲜红或红色，老母羊肉呈暗红色，羔羊肉呈淡灰红色。一般情况下，山羊肉的肉色较绵羊肉色红。

评定肉色时，可用分光光度计精确测定肉的总色度，也可按肌红蛋白含量来评定，现场多用目测法。即取最后一个胸椎处背最长肌（眼肌）为代表，新鲜肉样于宰后 1～2 h，冷却肉样于宰后 24 h（在 4℃左右冰箱中存放）。在室内自然光下，用目测评分法评定肉新鲜切面，避免在阳光直射下或在室内阴暗处评定。灰白色评 1 分，微红色评 2 分，鲜红色评 3 分，微暗红色评 4 分，暗红色评 5 分。两级间允许评 0.5 分。具体评分时可用美式或日式肉色评分图对比，凡评为 3 分或 4 分者均属正常颜色。

（二）大理石纹

指肉眼可见的肌肉横切面红色中的白色脂肪纹状结构，红色为肌细胞，白色为肌束间的结缔组织和脂肪细胞。白色纹理多而显著，表示其中蓄积较多的脂肪，肉多汁性好，是简易衡量肉含脂量和多汁性的方法。若要准确评定，需经化学分析和组织学方法等测定。现在常用的方法是取第一腰椎部背最长肌鲜肉样，置于 0～4℃冰箱中 24 h 后，取出横切，以新鲜切面观察其纹理结构，并借用大理石纹评分标准图评定。只有大理石纹的痕迹评为 1 分，有微量大理石纹评为 2 分，有少量大理石纹评为 3 分，有适量大理石纹评为 4 分，若是有过量大理石纹的评为 5 分。

经观察，我国羊肉中的大理石纹呈现不明显或缺乏，但可通过测定肌内脂肪含量来衡量，一般含量在 2%～5%，而含量在 2%～3% 的较好。

（三）羊肉酸碱度（pH）的测定

羊肉酸碱度是指肉羊宰杀停止呼吸后，在一定条件下，经一定时间所测得的 pH。肉羊宰杀后，其羊肉发生一系列的生化变化，主要是糖原酵解和三磷酸腺苷（ATP）的水解供能变化，结果使肌肉中聚积乳酸和磷酸等酸性物质，使肉 pH 降低。这种变化可改变肉的保水性能、嫩度、组织状态和颜色等性状。

现常用酸度计测定肉样 pH，按酸度计使用说明书在室温下进行。直接测定时，在切开的肌肉面用金属棒从切面中心刺一个孔，然后插入酸度计电极，使肉紧贴电极球端后读数。捣碎测定时，将肉样加入组织捣碎机中捣 3 min 左右，取出装在小烧杯中，插入酸度计电极测定。

评定标准：鲜肉 pH 为 5.9～6.5；次鲜肉 pH 为 6.6～6.7；腐败肉 pH 在 6.7 以上。

（四）羊肉失水率测定

失水率是指羊肉在一定压力条件下，经一定时间所失去的水分占失水前肉重的百分数。失水率越低，表示保水性能强，肉质柔嫩，肉质越好。

测定时，截取第一腰椎以后背最长肌 5 cm 肉样一段，平置在洁净的橡皮片上，用直径为 2.532 cm 的圆形取样器（面积约 5 cm²），切取中心部分眼肌样品一块，其厚度为 1 cm，立即用感量为 0.001 g 的天平称重，然后放置于铺有多层吸水性好的定性中速滤纸上，以水分不透出、全部吸净为度，一般是在 18 层定性中速滤纸的压力计平台上操作，肉样上方覆盖 18 层定性中速滤纸，上、下各加一块书写用的塑料板，加压至 35 kg，保持 5 min，撤除压力后，立即称肉样重量。肉样加压前后重量的差异即为肉样失水重。按下列公式计算失水率：

失水率 =（肉样压前重量 − 肉样压后重量）÷ 肉样压前重量 ×100%

（五）羊肉系水率测定

系水率是指肌肉保持水分的能力，用肌肉加压后保存的水量占总含水量的百分数表示。它与失水率是一个问题的两种不同概念，系水率高，则肉的品质好。测定方法是取背最长肌肉样 50 g，按食品分析常规测定法测定肌肉加压后保存的水量占总含量的百分数。

系水率 =（肌肉总水分量 − 肉样失水量）÷ 肌肉总水分量 ×100%

（六）熟肉率

熟肉率指肉熟后与生肉的重量比率。用腰大肌代表样本，取一侧腰大肌中段约 100 g，于宰杀后 12 h 内进行测定。剥离肌外膜所附着的脂肪后，用感量 0.1 g 的天平称重（W_1），将样品置于铝蒸锅的蒸屉上用沸水在 2 000 W 的电炉上蒸煮 45 min，取出后冷却 30 ～ 45 min 或吊挂于室内无风阴凉处，30 min 后再称重（W_2）。计算公式为：

熟肉率（%）=W_2 ÷ W_1 ×100

（七）羊肉的嫩度

羊肉的嫩度指肉的老嫩程度，是人食肉时对肉撕裂、切断和咀嚼时的难易，嚼后在口中留存肉渣的大小和多少的总体感觉。影响羊肉嫩度的因素很多，如绵、山羊的品种、年龄、性别、肉的部位、肌肉的结构、成分、肉脂比例、蛋白质的种类、化学结构和亲水性、初步加工条件、保存条件和时间。熟制加工的温度、时间和技术等。很多研究还指出，羊胴体上肌肉的嫩度与肌肉中结缔组织胶原成分的羟脯氨酸有关，羟脯氨酸含量越大，切断肌肉的强度越大，肉的嫩度越小。

羊肉嫩度评定通常用采样仪器评定或品尝评定两种方法。仪器评定目前通常采用肌肉嫩度计，以千克为单位表示。数值愈小，肉愈细嫩；数值愈大，肉愈粗老。口感品尝法通常是取后腿或腰部肌肉 500 g 放入锅内蒸 60 min，取出切成薄片，放于盘中，作料任意添加，凭咀嚼碎裂的程度进行评定，易碎裂则嫩，不易碎裂则表明粗硬。

（八）膻味

膻味是绵、山羊所固有的一种特殊气味，致膻物质的化学成分主要存在于脂肪酸中，起关键作用的有己酸（$C_6H_{12}O_2$）、辛酸（$C_8H_{16}O_2$）、癸酸（$C_{10}H_{20}O_2$）及 4- 乙基辛 -2- 烯酸等低碳链游离脂肪酸，但是它们单独存在并不产生膻味，必须按一定的比例结合成一种较稳定的络合物，或者通过氢键以相互缔合形式存在时，才产生膻味，膻味的大小因品种、性别、年龄、季节、遗传、地区、去势与否等因素不同而异。我国北方广大农牧民和城乡居民，长期以来有喜食羊肉的习惯，对羊肉的膻味也就感到自然，有的甚至认为是羊肉的特有风味。而江南有相当多的城乡居民特别不习惯闻羊肉的膻味，因而不喜欢吃羊肉。

鉴别羊肉膻味最简便的方法是煮沸品尝。取前腿肉 0.5 ～ 1.0 kg 放入铝锅内蒸 60 min，取出切成薄片，放入盘中，不加任何佐料（原味），凭咀嚼感觉来判断膻味的浓淡程度。

第二节　羊的屠宰及胴体分割

一、羊的屠宰

屠宰加工是肉类生产的首要环节。优质肉品的获得很大程度上取决于肉用畜禽品种和屠宰加工的条件与方法。在肉类工业中，把肉类畜禽经过刺杀、放血和开膛去内脏，最后加工成胴体等一系列处理过程，称作屠宰加工，它是深加工的前处理，因而也叫初步加工。我国肉类的屠宰加工能力就其总量而言已处于世界前列，是世界级的肉类产业大国。我国现有机械化和半机械化的牛羊加工企业很多，但是大型企业少，中小型企业多，屠宰加工设备和工艺水平参差不齐，相当一部分企业设备陈旧，技术装备不完善，且工艺水平落后，加工的产品品种及质量不能满足市场需求。

（一）工厂化屠宰的必然性

肉类食品的安全卫生问题，已成为人们日益关注的主要问题。因此，消费者不仅要求肉品卫生、美味、营养丰富，而且要求采用先进的屠宰方式、屠宰工艺、屠宰技术，来保证肉类食品的质量。而工厂化屠宰则是肉类食品安全的可靠保证，这是因为工厂化屠宰，是以规模化、机械化生产，现代化管理和科学化检疫、检验为基础，以现代科技为支撑，通过屠宰加工全过程质量控制，来保证肉品安全、卫生和质量，只有实行工厂化屠宰才能将"放心肉食品"送到消费者的餐桌上。人的食源性疾病、癌症的增多，肉类食物中毒的发生，无不与落后的屠宰方式、屠宰工艺和屠宰环境相关联。因此，羊的屠宰加工走出小作坊和个体模式，以现代化、规模化的集中屠宰为主已是势在必行。

随着我国法治建设的快速发展，国家和有关部委颁布和修订了一系列有关畜禽屠宰和安全卫生的法律、法规、规程和标准，如《食品安全法》《动物防疫法》《肉品卫生检验试行规程》《畜类屠宰加工通用技术条件》等。另外，我国早在1983年就颁发了肉、乳、蛋、鱼的卫生标准45种；1998年制订了包括含氮量、总脂肪、水分、灰分、pH、氯化物、聚磷酸盐、淀粉、钙、磷、钾和六六六、DDT、抗生素残留量等20项测定标准；1985年颁布了解冻猪、牛、羊、禽肉和分割冻猪肉等产品标准；近年来还对许多标准、法规进行了修订、补充和完善，特别是《食品安全法》的实施以及各地检测、执法系统的加强，现已形成了我国畜禽屠宰加工安全管理体系，为肉类食品的质量提供了保障。

随着科学技术的发展，发达国家的屠宰加工业日益科学化，先进的屠宰加工和检疫、检验新技术的不断应用，为保证和提高肉类食品安全卫生发挥了重要的作用。高新技术的推广应用，只有在工厂化、规模化、机械化、连续化屠宰加工的条件下才有可能实现。

（二）屠宰厂（场）的基本要求

1. 厂址选择

（1）屠宰厂（场）地点，应远离住宅、学校、医院、水源及其他公共场所，应位于住宅区的下风向，河流的下游。

（2）交通便利，要相对靠近公路、铁路或码头，但应远离交通主干道。

（3）应有良好的自然光照、通风条件，建筑物应选择合理的方向，以朝南或朝东南为佳。

（4）地势应高燥、平坦、坡度不宜过大。

（5）应远离化工、石油等厂矿，避免产生的有毒有害气体和灰尘污染肉品。

（6）应有充足的供水和完善的污水处理系统。生产用水必须采取清洁卫生的水源，城市必须采用自来水，无自来水的地方可用井水。若采用江河水，必须加净水过滤设备，并经当地食品卫生监督机构检验、审批。

（7）污水、废水不能直接排入江河或农田，也不准直接排入城市下水道，须经污水处理系统处理，达标后排放。

（8）要求对屠宰的粪尿进行无害化处理，以防止屠宰畜禽粪尿和胃肠内容物成为疾病传染源。

（9）厂（场）内通道和地面应铺设沥青或水泥，厂（场）周围应建 2 m 高的围墙，防止其他动物进出，避免疫病传播。

（10）尊重民族习惯，清真产品需按 HALA 认证要求建设。

（11）环境要绿化和美化。

2. 建筑设施

羊屠宰场的建筑设施，主要包括：饲养圈、候宰圈、屠宰加工车间、胴体晾挂间、副产品整理间、病羊隔离圈、急宰车间、供水系统、污水处理系统、兽医肉检室、化验室、羊肉及副产品加工车间、冷藏库、无害化处理间等。

屠宰加工企业的总体设计必须符合卫生要求和科学管理的原则。各个车间和建筑物的配置，既要互相连贯，又要合理布局，做到病疫隔离，病健分宰，原料、成品、副产品和废弃物的运转能够顺利进行。另外，应设立与门同宽，长度超过大型载重汽车车轮周长的消毒池，池内经常盛放有效消毒液。建筑物内要有充分的自然光照。

（1）饲养圈　应有卸车站台、地秤及供给宰前检验和测温用的分群栏及夹道；应有洁净的饮水设备和水源，有适当的防寒和降温设备，还应有消毒、清洁用具；羊占地面积应为 0.5 ～ 0.7 m²/ 只。

（2）病畜隔离圈　应与屠宰场内其他部分严格隔离，但要与饲养车间和急宰车间保持通畅；实行专人饲养、专人管理，经常检查，以防疫病传播。

（3）急宰车间　急宰车间是用来屠宰病羊的场所，其位置应设在病羊隔离圈的侧边，面积应能适应急宰病羊的需要，设备和设施应便于清洁消毒。

（4）无害化处理间　指经急宰车间宰后需要快速处理的有病羊胴体车间。当兽医卫生检验人员确认属于可利用肉后，可根据不同病源分别做出处理。

（5）候宰室　是供羊屠宰前停留休息的场所，其地点应与屠宰加工车间相邻。

（6）屠宰加工车间　车间门口应设有与门同宽，长度大于载重汽车车轮周长的消毒池，内装消毒药液。车间内的墙壁应铺砌白瓷砖。地面应防滑，并且要有 1.5° 的坡度，天花板与地面的距离在垂直放血处不得低于 6 m；应有良好的通风、防蝇、防蚊、防尘、防鼠装置；必须有充足的、符合卫生要求的冷热水供应，下水道需设有两道格栅，以防止碎骨、垃圾流入造成堵塞；应架设吊轨，以利运输、减轻劳动强度和防止污染；有比较完善的污水处理系统；应有修整工序和有关设施，包括胴体修整，内脏修整和皮张修整三部分。

（7）胴体晾挂车间（排酸车间）　如果对羊胴体肉进行冷藏，则首先应在晾挂车间晾挂，室温宜在 5～10℃之间，使羊胴体形成尸僵并进入"后熟"，这样肉品将更为鲜美。同时，又可使肉中心温度降低，避免了进行冷藏时外冷内热，造成肉质败坏。

（8）副产品整修车间　副产品整修主要包括内脏修整和皮张修整。

（9）冷藏库　屠宰厂（场）应备有冷藏库。库内温度应达到冷藏或者冷冻的相关要求。

（三）羊的屠宰技术

羊屠宰的工艺流程如下：

```
                        ┌──► 疑病畜隔离──► 急宰
                        │
活羊卸载──► 称重──► 兽医检疫──► 候宰──► 击昏──► 宰杀──► 放血──► 割头蹄──► 预剥──►
扯皮──► 开膛──► 分离内脏──► 同步卫检──► 检验──► 修整──► 冷却（排酸）──► 分割──► 入库
```

宰前检验　屠宰的羊要求取得非疫区证明和产地检疫证明，为了保证肉品质量，还需在宰前进行检验以确保屠宰的羊来自安全非疫区，健康无病。对于检疫发现的可疑羊须进行隔离观察；对确定的病羊应及时送急宰间处理；将健康的羊送候宰间待宰。通过宰前检验能够发现宰后难以发现的疫病。如口蹄疫、脑炎、胃肠炎、脑包虫病，以及某些中毒性疾病等，这些病在宰后一般无特征性病变。

候宰　羊在屠宰前，一般须断食，休息 12～24 h，屠宰前 3 h 停止给水。

击昏　击昏是使羊暂时失去知觉，避免屠宰时因挣扎、痛苦等刺激造成血管收缩，放血不干净而降低肉的品质。羊的击昏基本采用电麻击昏，电麻装置比较简单，前端形如镰刀状为鼻电极，后端为脑电极。麻电器和麻电时间及电压各国有所不同。电击晕时要依据羊的大小、年龄，注意掌握电流、电压和电麻时间。电压、电流强度过大，时间过长，易引起血压急剧增高，造成皮肤、肉和脏器出血。我国多采用低电压，通常情况下采用电压 90 V、电流 0.2 A、时间 3～6 s。羊的"宗教宰杀"一般不采用击昏工序。

刺杀与放血 羊击昏后要尽快刺杀，刺杀位置要准确，使进刀口能充分放血。羊在刺杀时，在羊的颈部纵向切开皮肤，切口 8 ~ 12 cm，然后用刀伸入切口内向右偏，挑断气管和血管进行放血，但应避免刺破食管。放血时应注意把羊固定好，防止血液污染毛皮。刺杀后经 3 ~ 5 min，即可进入下一道工序。

部分国家已采用空心放血刀刺杀，即利用真空设备收集血液，卫生条件好，有利于血液的再利用。另外，为了确保宗教或传统宰杀作业时安全可靠，应配有组合旋转式宰杀箱。肉品放血度的好坏，或者说完全与否，直接影响肉品的外观性状、滋味或气味及耐存性能，乃至等级与经济价值等。放血完全或充分肉品特征是：肉的色泽鲜艳有光泽，肉的味道纯正，含水量少，不粘手，质地坚实，弹性强，能耐长时间保藏，能吸引消费者选购，经济效益高。放血不全的肉品外表色泽晦暗，缺乏光泽，有血腥味，水分多，手摸湿润，有利于微生物的生长繁殖，容易发生腐败变质，不耐久贮。这种肉通常不受消费者欢迎，将会降低其应有的经济价值。

剥皮 一般屠宰后的羊要进行剥皮，剥皮方法通常有手工剥皮和机械剥皮。

羊的手工剥皮：将羊四肢朝上放在清洁平整的地面上，用尖刀沿腹中线挑开皮层，从前沿胸部中线至嘴角，向后经过肛门挑至尾尖，再从两前肢和两后肢内侧，垂直于腹中线向前、后肢各挑开两条横线，前肢到腕部，后肢到飞节。剥皮时，先用刀沿挑开的皮层向内剥开 5 ~ 10 cm，然后用拳揣法将整个羊皮剥下。剥下的羊皮，要求毛皮形状完整，不可缺少任何一部分，特别是羔皮，要求保持全头、全耳、全腿，并去掉耳骨，腿骨及尾骨，公羔的阴囊也应留在羔皮上。剥皮时，要防止人为伤残毛皮，避免刀伤，甚至撕破，否则将降低毛皮的使用价值。

羊的机械剥皮：羊刺杀放血后，先割去头、蹄、尾及预剥下颌区、腹皮、大腿部和前肢飞节部的皮层，然后用机械将整张皮革剥除。

开膛解体 羊剥皮后应立即开膛取出内脏，最迟应不超过 30 min，否则对脏器和肌肉均有不良影响，例如可降低肠和胰的质量等。

开膛时沿腹部正中线切开，接着用滑刀划开腹膜，使肠胃等自动滑出体外，然后沿肛门周围用刀将直肠与肛门连接部剥离开（俗称刁圈子、挖眼），再将直肠掏出打结或用橡皮筋套住直肠头，以免粪便流出污染胴体。用刀将肠系膜割断，随之取出胃、肠和脾。然后用刀划破膈，并事先沿肋软骨连接处切开胸腔，并剥离气管、食管，再将心、肺取出。取出的内脏分别挂在挂钩上或传送盘上以备检验。

开膛取出内脏后，若需要将整个胴体劈成两半时，用电锯或砍刀沿脊柱正中将胴体劈为两半。

同步卫检　同步卫检是羊屠宰加工工艺中的重要工序，胴体与内脏分别同步输送，准确检查羊内脏有无病变，确保肉质质量。常用的同步卫检设备有：①落地盘式输送机和悬挂输送机同步输送，盘式输送机输送内脏等副产品，悬挂输送机传送胴体。②两条悬挂输送机同步输送，一条输送内脏等副产品，另一条用于传送胴体。国内两种形式都有，国外普遍采用第二种形式。

排酸（冷却）　羊在屠宰以后，体细胞失去了血液的氧气供应，故进行无氧呼吸，从而产生乳酸。排酸即根据羊胴体进入排酸库的时间，在一定的温度（24小时内降到 $0 \sim 4℃$）、湿度和风速下，将乳酸分解成二氧化碳、水和乙醇后挥发掉，同时羊肉细胞内的三磷酸腺苷在酶的作用下分解为新的物质 – 基苷（IMP，味精的主要成分），肉的酸碱度被改变，代谢产物被最大限度分解和排出。

因此，屠宰后获得的羊胴体如果尽快地冷却，就可以得到质量好的肉，同时还可以减少损耗。冷却间温度一般为 $2 \sim 4℃$，相对湿度 $75\% \sim 85\%$，冷却后的胴体中心温度不高于 $7℃$，羊胴体一般冷却 $24 \sim 36 h$。

悬挂输送　悬挂输送系统是屠宰生产线中将屠体及胴体传送到各个加工工序进行流水线作业的关键装置。悬挂输送装置又分手推线和自动线两种。手推线主要用于中小型羊屠宰生产线或宰杀放血工序以及冷却（排酸）工序，自动线主要用于大中型羊屠宰生产线。自动线从传动方式上可分为连续式和步进式两种，从结构上又有管轨和扁轨以及锚链和板链。

胴体修整　羊的胴体修整主要是割去生殖器、腺体，分离肾脏。胴体修整的目的是保持胴体整洁卫生，符合商品要求。

检验、盖印、称重、出厂　在整个屠宰加工过程中，要进行屠宰检验，一般分为头部、心脏、旋毛虫、胴体初检及复检等不同检验点。宰后检验是宰前检验的继续，畜屠宰后检验的主要目的是发现处于潜伏期或症状不明显的病畜。因此，必须选择最能反映机体病理状态的器官、组织进行解剖观察，并严格地按照一定的方法和程序进行检验。宰后检验分为头蹄检验、内脏检验、肉尸检验三个基本环节（见图2-2）。

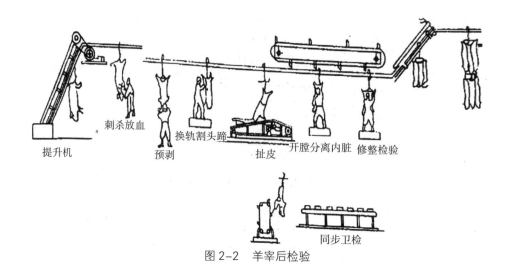

刺杀放血　预剥　换轨割头蹄　扯皮　开膛分离内脏　修整检验

提升机

同步卫检

图 2-2　羊宰后检验

二、羊胴体的分割分级

肉的分割分级方法有两种。一种是按胴体肌肉的发达程度及脂肪厚度分级；另一种是按同一胴体的不同部位、肌肉组织结构、使用价值和加工用途分割。通常将胴体分割成大小和形状不同的肉块称作分割肉。

（一）羊胴体的分割

绵、山羊的胴体大致可以分成八大块，详见图 2-3。这八大块可以分成三个商业等级：属于第一等级的部位有肩部和臀部，属于第二等级的有颈部、胸部和腹部，属于第三等级的有颈部切口、前腿和后小腿。

将胴体从中间分切成两片，各包括前躯肉及后躯肉两部分。前躯肉与后躯肉的分切界限，是在第 12 与 13 肋骨之间，即在后躯肉上保留着一对肋骨。

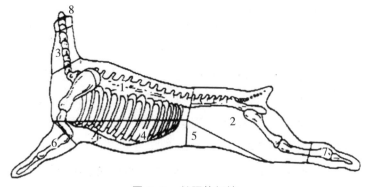

图 2-3　羊胴体切块

1.肩背部　2.臀部　3.颈部　4.胸部　5.腹部　6.前腿　7.后小腿　8.颈部切口

后腿肉：从最后腰椎处横切。

腰肉：从第 12 对肋骨与第 13 对肋骨之间横切。

肋肉：从第 12 对肋骨处至第 4 与第 5 对肋骨间横切。

肩肉：从第 4 对肋骨处起，包括肩胛部在内的整个部分。

胸肉：包括肩部及肋软骨下部和前腿肉。

腹肉：整个腹下部分的肉。

（二）羊胴体分级

胴体分级是肉制品加工中配方控制的基础，也是产品销售价格计算、成本评估的基础，各国均制定了与本地生产相适应的原料肉分类法。

羊胴体分级的目的在于按质论价，按类分装，便于运输、冷藏和销售。我国现制定的鲜冻胴体羊肉标准（GBT 9961—2008），包括大羊、肥羔和羔羊胴体肉，共分特级、优级、良好级和可用级四个等级，见表 2–1、表 2–2、表 2–3。

表 2–2　鲜、冻大羊肉胴体分级标准

项目	特级	优级	良好级	可用级
胴体重量（kg）	>25	22～25	19～22	16～19
肥度	背膘厚度0.8～1.2 cm，腿肩背部脂肪丰富，肌肉不显露，大理石花纹丰富	背膘厚度0.5～0.8 cm，腿肩背部覆有脂肪，腿部肌肉略显露，大理石花纹明显	背膘厚度0.3～0.5 cm，腿肩背部覆有薄层脂肪，腿肩部肌肉略显露，大理石花纹略显	背膘厚度≤0.3 cm，腿肩背部脂肪覆盖少，肌肉显露，无大理石花纹
肋肉厚（mm）	>14	9～14	4～9	<4
肉脂硬度	脂肪和肌肉硬实	脂肪和肌肉较硬实	脂肪和肌肉略软	脂肪和肌肉软
肌肉度	全身骨骼不显露，腿部丰满充实，肌肉隆起明显，背部宽平，肩部宽厚充实	全身骨骼不显露，腿部较丰满充实，略有肌肉隆起，背部和肩部比较宽厚	肩隆部及颈部脊椎骨尖稍突出，腿部欠丰满，无肌肉隆起，背部和肩部稍窄、稍薄	肩隆部及颈部脊椎骨尖稍突出，腿部窄瘦，有凹陷，背部和肩部窄、薄
生理成熟度	前小腿至少有一个控制关节，肋骨宽、平	前小腿至少有一个控制关节，肋骨宽、平	前小腿至少有一个控制关节，肋骨宽、平	前小腿至少有一个控制关节，肋骨宽、平
肉脂色泽	肌肉颜色深红，脂肪乳白色	肌肉颜色深红，脂肪乳白色	肌肉颜色深红，脂肪浅黄色	肌肉颜色深红，脂肪黄色

表 2-3　鲜、冻肥羔肉胴体分级标准

项目	特级	优级	良好级	可用级
胴体重量（kg）	>16	13～16	10～13	7～10
肥度	眼肌大理石花纹略显	无大理石花纹	无大理石花纹	无大理石花纹
肋肉厚（mm）	>14	9～14	4～9	<4
肉脂硬度	脂肪和肌肉硬实	脂肪和肌肉较硬实	脂肪和肌肉略软	脂肪和肌肉软
肌肉度	全身骨骼不显露，腿部丰满充实，肌肉隆起明显，背部宽平，肩部宽厚充实	全身骨骼不显露，腿部较丰满充实，略有肌肉隆起，背部和肩部比较宽厚	肩隆部及颈部脊椎骨尖稍突出，腿部欠丰满，无肌肉隆起，背部和肩部稍窄、稍薄	肩隆部及颈部脊椎骨尖稍突出，腿部窄瘦，有凹陷，背部和肩部窄、薄
生理成熟度	前小腿有折裂关节；折裂关节湿润、颜色鲜红；肋骨略圆	前小腿有折裂关节；折裂关节湿润、颜色鲜红；肋骨略圆	前小腿有折裂关节；折裂关节湿润、颜色鲜红；肋骨略圆	前小腿有折裂关节；折裂关节湿润、颜色鲜红；肋骨略圆
肉脂色泽	肌肉颜色深红，脂肪乳白色	肌肉颜色深红，脂肪乳白色	肌肉颜色深红，脂肪浅黄色	肌肉颜色深红，脂肪黄色

表 2-4　鲜、冻羔羊肉胴体分级标准

项目	特级	优级	良好级	可用级
胴体重量（kg）	>18	15～18	12～15	9～12
肥度	背膘厚度 0.5 cm 以上，腿肩背部覆有脂肪，腿部肌肉略显露，大理石花纹明显	背膘厚度 0.3～0.5 cm，腿肩背部覆有薄层脂肪，腿肩部肌肉略显露，大理石花纹略显	背膘厚度≤0.3 cm，腿肩背部脂肪覆盖少，肌肉显露，无大理石花纹	背膘厚度≤0.3 cm，腿肩背部脂肪覆盖少，肌肉显露，无大理石花纹
肋肉厚（mm）	>14	9～14	4～9	<4
肉脂硬度	脂肪和肌肉硬实	脂肪和肌肉较硬实	脂肪和肌肉略软	脂肪和肌肉软
肌肉度	全身骨骼不显露，腿部丰满充实，肌肉隆起明显，背部宽平，肩部宽厚充实	全身骨骼不显露，腿部较丰满充实，略有肌肉隆起，背部和肩部比较宽厚	肩隆部及颈部脊椎骨尖稍突出，腿部欠丰满，无肌肉隆起，背部和肩部稍窄、稍薄	肩隆部及颈部脊椎骨尖稍突出，腿部窄瘦，有凹陷，背部和肩部窄、薄
生理成熟度	前小腿有折裂关节；折裂关节湿润、颜色鲜红；肋骨略圆	前小腿可能有控制关节或折裂关节，肋骨略宽、平	前小腿可能有控制关节或折裂关节，肋骨略宽、平	前小腿至少有一个控制关节，肋骨宽、平
肉脂色泽	肌肉颜色深红，脂肪乳白色	肌肉颜色深红，脂肪乳白色	肌肉颜色深红，脂肪浅黄色	肌肉颜色深红，脂肪黄色

三、羊肉购销过程中的质量管理

肉类食品因蛋白质含量高、糖原、微量元素含量丰富，微生物容易繁殖，且脂肪容易氧化酸败。因此，购销过程中特别要做好质量管理工作。通常要抓好以下几个环节，即货源考查、采购验收、储存运输、上柜销售。

（一）货源考查

羊肉屠宰加工企业必须取得食品卫生许可证和营业执照，有符合卫生规范的生产场地和加工设施。有科学的工艺流程和严格的卫生管理制度以及各种产品相应的标准（国家标准、行业标准或企业标准）。羊肉的经销商有必要了解这些情况，据此判断货源的质量可靠性和稳定性，避免不合格产品进入自己的销售网络。

（二）采购验收

羊肉采购人员首先必须具有质量意识和鉴别质量优劣的能力。在购销过程中要把质量放在第一位，必须在质量合格的前提下才能购进。

在羊肉的验收中应着重注意以下几个方面：

手续、制度要健全 若购进羊，首先要索取合格证、车辆消毒证，要进行宰前检疫，屠宰的活羊必须来自非疫区，临床检查健康，左耳佩戴免疫耳标，规定的实验室检验项目结果为阴性，并凭有效的产地检疫证明或运输检疫证明进行屠宰。

重视包装质量 屠宰包装后的羊肉不管是外包装还是内包装都必须完好、无破损，以防肉品被污染或漏失、风干和氧化，并且要检查商标、生产日期、保质期、储存方法等。同时，要注意数量和质量是否符合包装说明。

严把产品的内在质量 内在质量是产品质量的核心。首先，要进行感官检查，必要时送样品到实验室检验。冷冻肉品在进货验收时，特别要注意是否以次充好掺杂包装，表面颜色是否正常、中间有无变质等情况存在。

（三）仓储运输

羊肉储运是否得当，对质量有着重要影响。因此，通常情况下，肉类储存则须具备一些基本条件，在运输过程中须达到一些基本要求。

仓储要求 仓库要符合卫生要求，有卫生管理制度、进出库管理制度。应与有强烈挥发性气味的物品分库存放，以防串味，更不能与有毒、有害物质混合存放。冷冻肉仓库要求，预冷库温度在 $-2 \sim 4℃$，冻结库温度在 $-23℃$ 以下，冷藏库温度在 $-18℃$ 以下，库温波动在 $1℃$ 以内。同时要有专门的管理人员，产品应堆放整齐，有垫板，离墙离地。

运输要求　运输车船须清洁卫生，不得与有害有毒物品混装。装运前要清洗车船，并消毒，长运输要有制冷设施，短途运输如果无冷藏车，也要进行保温处理，防止解冻。

第三节　羊肉的贮藏与保鲜

一、羊肉贮藏

羊在屠宰后其胴体的处理及贮藏与其经济价值密切相关。对于分散、小规模的养羊农户来说，可以做到在羊屠宰后马上就地鲜销；而对于规模较大的养羊户来说，就需要进行贮藏、分批销售。肉中含有丰富的营养物质，如贮藏不当，外界微生物会污染肉的表面，并大量繁殖，致使肉腐败变质，甚至会产生对人体有害的毒素，引起食物中毒。另外，肉自身所含的酶类也会使肉发生一系列变化，在一定程度上可改善肉质，但若控制不当，亦会造成肉的变质，导致较为严重的经济损失。良好的贮藏不仅能够方便农户的调运、销售，而且还有利于保持羊肉良好的品质，获得更大的经济效益。

在我国北方、青藏高原和川西北地区，冬季气温常达 -20℃左右，可采用自然冷冻贮存法。此方法是将羊胴体平直堆放于室外，用干草等封垛，再将冷水泼在垛的表面使其结冰。这种方法虽能短期冷冻储存羊肉，但它只是一种简易的原始方法，仅适用于少批量的羊肉储存，不适合工业化生产。对于大宗羊肉的贮藏需要有更加新型实用的方法。

随着肉类贮藏保鲜技术的不断发展与完善，羊肉的贮藏方法越来越多，其贮存期也得到了很大的提高。目前实用的方法主要有低温贮藏、热处理、辐射贮藏、真空、充气包装贮藏以及干燥贮藏等。

（一）低温贮藏

食品腐败变质的主要原因是微生物作用和酶的催化作用，而这些作用的强弱与温度紧密相关。温度的降低可以抑制微生物繁殖，降低生物化学反应的速率。根据 T.T.T（time temperature tolerance）原则，食品品质下降是随时间累积的，是不可逆的。温度越低，品质下降的过程越缓慢，贮藏期也就越长。低温贮藏是羊肉贮藏的最好方法之一，低温可以抑制羊肉中微生物的生命活动和酶的活性，阻止或延缓食品腐烂变质的速度，从而达到贮藏保鲜的目的。由于低温能保持肉的颜色和组织状态，方法简单易行，安全可靠，因而低温贮藏肉类的方法多年来一直被广泛应用。低温贮藏一般分为冷却贮藏和冻结贮藏。

冷却贮藏是指经过冷却后的肉在0℃左右的条件下进行贮藏。在这样的温度下，只能对微生物起到抑制作用，不能使微生物完全停止生长和繁殖，故贮藏期不宜太长。冷却贮藏由于能较好地保持肉的新鲜度，因而近年来被广泛应用。在进肉前，先将冷却间预冷至 –3 ～ –2℃，进肉后经过 18 h 的冷却，肉温即可达 0℃左右。但应注意，对于羊肉可能会产生冷收缩现象，在肉的pH尚未降到6以下时，肉温不应低于10℃。冷却储存一般要求储存室温度在 –1 ～ 1℃，相对湿度88% ～ 90%为宜。在此条件下，羊肉可储存 10 ～ 14 天。

由于冷却贮藏仅适合于短期贮藏，若要长期贮藏，应采用冻结贮藏，即将羊肉的温度降低到 –18℃以下，使肉中的绝大部分水分形成冰结晶。羊肉冻结储存要求冷藏室温度为 –20 ～ –18℃，通常肉可贮藏 8 ～ 11 个月。

（二）辐射贮藏

羊肉辐射贮藏是利用放射性元素 60Co、137Cs 在一定剂量范围内辐射肉，杀灭病原微生物及腐败菌或抑制肉品中某些生物活性物质的生理过程，从而达到贮藏或保鲜的目的。该方法早已被 WHO 和 FDA 证实是安全、高效、节能的肉类保藏方法，不会使肉内温度升高，不会引起肉在色、香、味等方面的变化，所以能最大限度地减少食品的品质和风味的损失，无化学药物残留，不污染环境，且方法简便，适合于各种包装的肉。我国应用的辐射源主要是同位素 60Co、137Cs 放射出来的 γ 射线。当 60Co、137Cs 产生的 γ 射线或电子加速器产生的 β 射线对肉类等食品进行照射时，附着于表面的微生物 DNA 分子发生断裂、移位等一系列不可逆变化，酶等生物活性物质失去活性，进而新陈代谢中断，生长发育受阻。最终导致死亡，从而达到保藏的目的。

辐射技术在肉类食品贮藏保鲜中的应用研究目前取得了很大进展，辐射是肉类储存最有效、最经济的途径之一。

1. 辐射贮藏的优点

（1）杀菌效果好，并具有广谱杀菌作用。

（2）可通过调整辐射剂量达到对不同羊肉制品杀菌的要求，从而延长肉品的货架期。

（3）辐射射线能快速、均匀、较深地透过整个物体，与加热处理杀菌相比，辐射可有效杀灭肉品内部的微生物，并易精确控制。

（4）辐射为"冷处理"，几乎不产生热效应，可最大限度地保持肉品的营养成分、维持肉品原有的感官指标和特性，并可对冷冻状态下的肉品进行杀菌处理。

（5）没有非食品成分的残留，从而减少环境污染和提高肉品的卫生质量。

（6）可对包装、密封好的肉品进行杀菌处理。

（7）与热处理、干燥和冷冻贮藏技术相比，辐射杀菌技术节省能源，更为经济。

2. 辐射工艺流程

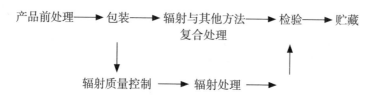

（1）产品前处理选择品质好，污染小的羊肉。为了减少辐射中某些成分的损失，可添加一些添加剂，如抗氧化剂等。

（2）包装辐射可以带包装进行，为了防止在贮、运、销环节上发生二次污染，包装要有好的密闭性，一般用复合塑料膜包装。

（3）辐射常用的辐射源是 60Co、137Cs 和电子加速器三种。其中 60Co 放出的 γ 射线穿透力强，设备较简单、操作容易，被广泛应用。为了减少辐射产生的色变和异味，可使辐射在低温、无氧条件下进行。

（三）热处理

热处理保存是通过加热来杀死羊肉中的腐败菌和有害微生物，抑制酶类活动的一种保存方法。热加工是熟肉制品防腐必不可少的工艺环节。蒸煮加热的目的之一，是杀灭或减少肉制品中存在的微生物、使制品具有可贮性，同时消除食物中毒隐患。但经过加热处理的肉制品中，仍有一些耐高温的芽孢，这些芽孢虽然只是量少，并处于抑制状态，但在偶然的情况下，经一定时间，仍然有芽孢增殖，导致肉制品变质的可能。因此，应对灭菌之后的保存条件予以特别的重视。

在羊肉保存中有两种热处理方法，即巴氏杀菌和高温杀菌。

巴氏杀菌　把羊肉在低于 100℃ 的水或蒸汽中处理、使肉的中心温度达到 65 ～ 75℃、保持 10 ～ 30 min 的杀菌方法称为羊肉巴氏杀菌。在此温度下，羊肉制品内几乎全部的酶类和微生物均被灭活或杀死，可以延长保存期。同时，使蛋白质变形、凝结且部分脱水使肉品具有弹性和良好的组织结构，这对于绞碎的肉糜制品（如西式火腿、火腿肠等）的制造是非常重要的。但经过巴氏杀菌后细菌的芽孢仍然存活。因此，杀菌处理应与后续的冷藏相结合，同时要避免羊肉制品的二次污染。

高温灭菌 羊肉在 100 ～ 121℃的温度下处理的灭菌方法称为羊肉高温灭菌。主要用于生产罐装的羊肉制品，如金属罐的肉罐头、复合铝箔袋的软罐头等。经高温处理，基本可以杀死羊肉中存在的所有细菌及芽孢，即使仍有极少数存活，也已不能生长繁殖引起肉品腐败，从而使羊肉制品在常温下可以保存半年以上而不变质。

巴氏杀菌和高温杀菌加热法的区别：一个是高压加热，一个是常压加热。温度对加热灭菌起着很重要的作用，但并非温度越高越好。在具体操作中应根据原料羊肉的性质、被污染的程度、贮藏的环境等来综合考虑，确定出适合的热处理温度。

（四）干燥贮藏

干燥储存是一种古老的贮藏手段。羊肉中含水量高达 70% 左右，经脱水后可使水分含量减少到 6% ～ 10%。水分下降可阻碍微生物的繁殖、降低脂肪氧化速度，从而达到保藏的目的。干燥羊肉的方法目前主要有传统的风干法以及现代低温升华干燥法。风干法主要是将羊肉割成小条，挂在阴凉处，让其自然风干，既去水分，又保持鲜味。低温升华干燥法是在低温且具有一定真空度的密闭容器中，肉中水分直接从冰升华为水蒸气使其脱水干燥。这种方法干燥速度快，能较好地保持羊肉的品质，加水后可迅速地恢复到原来的状态，是近年来重点发展的一种高新肉类贮藏方法。例如采用远红外真空干燥，通常将切成适当大小的羊肉放入真空容器，通过安装在真空容器中的远红外加热器产生的远红外线，将肉品低温真空干燥，在干燥过程中，肉的蛋白质、脂肪等成分均未发生变化，完好地保存在肉中，复水后则能恢复鲜肉状态。

真空冷冻干燥脱水技术是一项对食品、药物护色、保鲜、保质、保味的高新技术，简称为冻干技术，是在低温条件下，对含水物料冻结，再在高真空度下加热，使固态冰升华，脱去物料中的水分的方法。食用时，将这种物品浸入水中很快就能复原，好似鲜品，最大限度地保留了原有的色、香、味及营养成分和生理活性成分。这种食品从本质上讲优于传统的热风干燥、喷雾干燥，真空干燥等脱水食品，从储运角度讲它远远优于速冻食品和罐装食品。冻干食品因脱水较彻底，包装时不加任何防腐剂便可较长时间储藏保鲜，但因其多为多孔疏松结构，易吸水，故在包装上应采取防潮、防氧化及防碎等包装技术。

（五）盐渍贮藏

食盐的作用主要是降低水分活性，抑制微生物活动。食盐吸水性很强，与水分接触时，很快变成食盐溶液，当与贮藏物（羊肉）接触时，该物质的细胞被盐液所包围。这时细胞内水分通过细胞膜向外渗透，食盐向细胞内渗透，至内外盐溶液浓度平衡为止。结果使肉脱水，肉表面的微生物也因相同作用而失去活性。食盐除脱水作用外，氯离子可以直接阻碍蛋白酶的分解作用，从而阻碍微生物对蛋白质的分解。食盐能够抑制微生物的生长繁殖，但有些耐盐性微生物，对食盐的抵抗力很强，只有当浓度高于 15% ～ 20% 时才能起到防腐作用，这样高的浓度远远超过了人们所能接受的范围。饱和食盐溶液的 Aw 值为 0.75。所以在可供食用的范围内，单凭食盐并不能使 Aw 值有显著下降。因此要起到防腐作用，必须与其他方法结合使用，用食盐保藏羊肉时，必须防止腐败菌的污染和降温，才能取得较满意的效果。

（六）其他贮藏方法

1. 微波处理 微波杀菌保藏食品是近年来在国际上发展起来的一项新技术。具有快速、节能，并且对食品的品质影响较小等特点。

微波杀菌的机理是当微波炉磁控管产生的高频率微波照射到食品时，食品中微生物的各种极性基、活性基就会发生激烈的振动、旋转，当这些极性分子以每秒 24.5 亿次的惊人速度运动时，分子间因剧烈摩擦而产生热量，从而引起蛋白质、核酸等不可逆变性，从而达到杀菌的目的。在这一过程中，食品的表面与内部受热均匀，时间短暂，其色泽、营养和风味不受任何影响。

2. 高压处理 高压技术在食品工业中应用最多的是利用高压杀灭微生物，延长食品的保质期。由于加热灭菌使食品中质量变劣、产生热臭味、营养损失等原因，近年来非加热的高压杀菌技术受到广泛重视。自从 1914 年 Bridgmen 发现蛋白质的加压凝固导致霉变性失活和杀灭微生物以来，已有为数众多的研究报道证明了 100 ～ 600 MPa 的高压作用 5 ～ 10 min 可以使一般细菌和酵母、霉菌数减少，甚至将酵母和霉菌完全杀灭，600 MPa 作用 15 min 时食品中绝大多数的微生物被杀灭。Hite（1899）在最早的高压实验中使用的处理材料就有肉，研究发现高压处理的肉三个月后打开，仍能保持较好的质量。国内靳烨等人采用高压处理对牛肉保藏性能的影响做了研究，试验证明，取样 24 h 后用 250 MPa 压力处理 10 min，温度 24℃，在此压力下处理对牛肉的贮藏性能没有不利的影响，高压处理可以杀灭部分微生物和延缓鲜牛肉中微生物的生长繁殖速度，延长牛肉的冷却保藏期。高压处理在小包装分割鲜羊肉贮藏方面，具有广泛的发展前景。

二、羊肉的保鲜

我国目前的生肉消费主要以热鲜肉与冷冻肉为主，肉制品消费中高温肉制品占有很大的比重。在经济发达国家，品质佳、卫生条件好的冷却肉已取代热鲜肉和冷冻肉而成为生肉消费的主流，市场上的肉制品几乎都是冷却肉和低温加热肉制品。随着我国人民生活水平的提高和消费观念的更新，消费者对肉类食品消费量日益增加的同时，对其品质也提出了更高的要求。因而，冷却肉及低温肉制品必然成为我国肉类消费的发展方向。

肉类食品的腐败变质主要是由于肉中的酶以及微生物的作用，使蛋白质分解以及脂肪氧化而引起的。多年来，各国的研究人员一直都在致力于研究各种有效的肉类食品保鲜技术。目前，羊肉保鲜技术主要有以下几种。

（一）涂膜保鲜技术

涂膜保鲜是将羊肉涂抹或浸泡在特制的保鲜剂中，在肉的表面形成一层保护性的薄膜，以防止外界微生物侵入、肉汁流失、肉色变暗，在一定时期内保持羊肉新鲜的一种方法。目前使用的涂膜多为可食性的，涂膜保鲜的具体方法是先配制高黏度涂膜溶液，参考配方：水 10 kg、食盐 1.8 kg、葡萄糖 0.3 kg、麦芽糊精 6 kg，用柠檬酸调节 pH 到 3.5 左右。具体使用中可按比例增加或减少。使用时，先将新鲜羊肉切成 2 kg 左右的条或块，放入配制好的溶液中浸一下，使肉的表面形成一层薄膜，40℃下可保鲜 4～6 天。

（二）可食性包装膜保鲜技术

20 世纪 50 年代可食性膜的研究开始应用于肉制品，在此后的几十年里，国外对可食性膜进行了广泛的研究，并在许多方面取得了成功。可食性抗菌膜由于它的高效、稳定、安全等优点而备受大家的关注。美国"纳蒂克"开发的胶原薄膜，采用动物蛋白胶原制成，具有强度高、耐水性和隔绝水蒸气性能好，解冻烹调时溶化可食用等特点，用于包装羊肉食品不会改变其风味。还有一些可食性蛋白膜，如牛奶蛋白膜、酪蛋白膜、玉米醇溶蛋白膜等，以及最新研制成功的具有抗菌功能的可食性包装膜等，如在玉米醇溶蛋白或大豆蛋白单膜中添加溶菌酶等抑菌成分，可控制肉品中病原菌的生长和由微生物引起的食品腐败。目前，可食性包装膜种类繁多，可根据具体情况，按相应的配方进行生产，以达到较好的保鲜效果。

（三）改善和控制气氛保鲜技术

从 20 世纪初以来，就已采取改善和控制食品周围气体环境的方法来延长食品的货架寿命。实践证明，改善肉品的气体环境可以作为冷藏的补充手段，可以大大延长肉品的保藏时间。改善和控制气氛包装也称为气调包装，是最具有发展前景的肉品保鲜技术，其特点是以小包装形式将产品封闭在塑料包装材料中，其内部环境气体可以是封闭时提供的，或者是在封闭后靠内部产品呼吸作用自发调整形成的。目前，改善和控制气氛包装得到广泛的使用。

（四）新含气调理保鲜技术

新含气调理肉品加工保鲜技术是针对目前普遍使用的真空包装、高温高压杀菌等常规方法存在的不足之处，而开发出来的一种适合于加工各类新鲜方便肉品或半成品的新技术。由于采用原材料的灭菌化处理、充氮包装和多阶段升温的温和式杀菌方式，能够比较完美地保存烹饪肉品的品质和营养成分，肉品原有的色泽、风味、口感和外观几乎不发生改变。这不仅解决了高温高压、真空包装食品的品质劣化问题，而且也克服了冷藏、冷冻食品的货架期短、流通领域成本高等缺点。新含气调理肉品保鲜加工技术的工艺流程可分为初加工、预处理（灭菌化处理）、气体置换包装和调理杀菌 4 个步骤。在此加工工艺流程中，灭菌化处理与多阶段升温的温和式杀菌相互配合，在较低的条件下杀菌，即可达到商业上的无菌要求，从而最大限度地保留了肉品的色、香、味、口感和形状。新含气调理食品多使用高阻隔性的透明包装材料，在常温避光的条件下可保存半年到一年。

（五）防腐保鲜剂保鲜技术

有机酸及其盐类防腐剂已广泛应用于肉类食品的保鲜。近年来，由于人们对合成防腐保鲜剂安全性的担忧，开发天然的新型保鲜剂已成为防腐保鲜剂研究的主流。天然保鲜剂由于其非人工合成的特点，对广大消费者来讲，一方面安全上有保证，另一方面符合消费者心理需求，因此它是今后防腐保鲜剂发展的趋势。防腐保鲜剂又分为化学防腐保鲜剂和天然防腐保鲜剂。

化学防腐保鲜剂　化学防腐保鲜剂主要是各种有机酸及其盐类。肉类防腐保鲜中使用的主要有乙酸、甲酸、柠檬酸、乳酸及其钠盐、抗坏血酸、山梨酸及其钾盐以及苯甲酸等。这些酸单独使用或配合使用对延长肉类保存期有一定的效果。在使用时，先配成 1%～3% 浓度的水溶液，然后对肉进行喷洒或浸渍。

天然防腐剂　由于人们对食品安全、自身健康的关注，天然保鲜剂已成为主要发展方向。现在使用较多的肉类天然保鲜剂有茶多酚、香辛料提取物、乳酸链球菌素、红曲色素、溶菌酶及维生素 E 等。

（六）电晕放电保鲜技术

电磁场对微生物的作用研究结果表明，短脉冲弱电流、非均匀恒定或交变磁场，在适宜的强度下对肉品进行处理，会导致肉品中的微生物失活，但对肉品的质量几乎没有影响。电晕放电装置是由一高压直流电源、一块梳针状电极板和一块可兼放样品的平板电极组成。当梳针电极与电源的负极相连，而平板电极与电源正极相连时，射向肉品的是以电子流为主，即负电晕。反之则以正离子流为主，即正电晕。电晕放电保鲜其机理是高速电子流对细胞膜、核酸的直接作用，以及对微生物周围的空气及水环境产生影响，造成臭氧、活性氧和过氧化氢分子的出现，使膜、核酸及蛋白质失活。由于电晕放电装置结构简单，使用安全、方便，在鲜肉保鲜方面有着很好的推广应用前景。

（七）臭氧保鲜技术

臭氧的作用绝不仅仅局限于消毒杀菌方面，它在食品的防腐保鲜方面还有着非常特殊的作用。早在 1909 年，臭氧被用来延长食品的货架寿命，通过在贮藏间安装一台臭氧发生仪来促进空气流通，使食品表面的细菌总数得到了明显降低。此后，臭氧被广泛地应用于肉类、鱼类、家禽、乳制品、鸡蛋、水果、蔬菜和谷类等食品的防腐保鲜。近年来，国内有许多冷库采用臭氧技术对水果、蔬菜、肉蛋类、乳品类冷藏保鲜。用臭氧对分割肉、熟制品的原料肉和成品进行杀菌，可大大减少原料肉和成品的带菌量，从而保证产品的品质，延长货架期。臭氧对于杀灭分割肉的沙门氏菌的污染有着极好的效果，对冷却肉表面菌（包括细菌、霉菌、酵母菌、寄生虫和病毒等）也有很好的抑制效果。

—— ⫻ 第三章 ⫻ ——

羊　绒

羊绒（Cashmere）是生长在山羊外表皮层，掩在山羊粗毛根部的一层薄薄的细绒，日照时间减少（秋分）时长出，抵御风寒，日照时间增加（春分）后脱落，根据光照时间的长短，自然适应气候，属于稀有的特种动物纤维。羊绒之所以十分珍贵，不仅由于产量稀少（仅占世界动物纤维总产量的0.2%），更重要的是其优良的品质和特性，交易中以克论价，被人们认为是"纤维宝石""纤维皇后"。是人类能够利用的所有纺织原料都无法比拟的，因而又被称为"软黄金"。世界上约70%的羊绒产自中国，其质量上也优于其他国家。

第一节　羊绒的概念

羊绒是一根根细而弯曲的纤维，其中含有很多的空气，并形成空气层，可以防御外来冷空气的侵袭。羊绒比羊毛细很多，外层鳞片也比羊毛细密、光滑，因此，重量轻、柔软、韧性好。特别适合制作内衣，贴身穿着时，轻、软、柔、滑，非常舒适，是任何纤维所无法比拟的。

山羊绒属于稀有的特种动物纤维（和绵羊毛有区别），是一种珍贵的纺织原料，国外称其为"纤维的钻石""软黄金"。由于亚洲克什米尔地区在历史上曾是山羊绒向欧洲输出的集散地，所以国际上习惯称山羊绒为"克什米尔（Cashmere）"；中国采用其谐音为"开司米"。山羊绒是从山羊身上梳取下来的绒毛，其中以绒山羊所产的绒毛质量为最好，每年春季是山羊脱毛之际，用特制的铁梳从山羊躯体上抓取的绒毛，称为原绒。洗净的原绒经分梳，去除原绒中的粗毛，死毛和皮屑后得到的山羊绒，称为无毛绒。山羊绒有白、青、紫三种颜色，其中白绒最珍贵。我国无毛绒的质量标准分为5

个等级，按含粗率及含杂率和长度指标进行分级，白绒和紫绒的分级标准亦有所不同。

羊绒是长在山羊外表皮层，掩在山羊粗毛根部的一层薄薄的细绒，入冬寒冷时长出，抵御风寒，开春转暖后脱落，自然适应气候。

第二节　羊绒的特性

山羊绒具有不规则的稀而深的卷曲，由鳞片层和皮质层组成，没有髓质层，鳞片密度约为 60 ～ 70 个/mm，纤维横截面近似圆形，直径比细羊毛还要细，平均细度多在 14 ～ 16 μm，细度不均率小，约为 20%，长度一般为 35 ～ 45 mm，强伸长度、吸湿性优于绵羊毛，集纤细、轻薄、柔软、滑糯、保暖于一身。纤维强力适中，富有弹性，并具有一种天然柔和的色泽。山羊绒对酸、碱、热的反应比细羊毛敏感，即使在较低的温度和较低浓度酸、碱液的条件下，纤维损伤也很显著，对含氯的氧化剂尤为敏感。

羊绒的特性主要表现为：一是纤细、柔软保暖。羊绒是动物纤维中最细的一种，阿尔巴斯羊绒细度一般在 13 ～ 15.5 μm 之间，自然卷曲度高，在纺纱织造中排列紧密，抱合力好，所以保暖性好。羊绒纤维外表鳞片小而光滑，纤维中间有一空气层，因而其重量轻，手感滑糯。

二是色泽自然柔和。羊绒纤维细度均匀、密度小，横截面多为规则的圆形，吸湿性强，可充分地吸收染料，不易褪色。与其他纤维相比，羊绒具有光泽自然、柔和、纯正、艳丽等优点。

三是柔韧，有弹性。羊绒纤维由于其卷曲数、卷曲率、卷曲回复率均较大，宜于加工为手感丰满、柔软，弹性好的针织品，穿着起来舒适自然，而且有良好的还原特性，尤其表现在洗涤后不缩水，保型性好。

第三节　羊绒分类

（一）按照颜色分类

白山羊绒：从白山羊身上或其皮张上生产下来的羊绒。山羊绒与山羊毛均为白色。

青山羊绒：从青山羊（红山羊）身上或其皮张上生产下来的羊绒。山羊绒呈白色，山羊毛为非白的其他颜色。

紫山羊绒：从黑山羊身上或其皮张上生产下来的羊绒。山羊绒呈深色或浅紫色，山羊毛呈黑色。

（二）按照生产方法分类

根据生产方法的不同，山羊绒有以下不同类型：

1. 活羊绒

活羊抓绒是用抓子从活羊身上生产下来的羊绒。外观呈瓜状，瓜子呈圆状，带的抓花，绒瓜内的绒毛被搓捻成丝交织成网，俗称"肉套膜"。其手感柔软、光滑、颜色正、有油性、光泽亮而柔和。

活羊剪绒是用剪刀从活羊身上将绒毛剪下后拨去部分粗毛后所得的羊绒。外观不成瓜状，绒纤维散乱，长度较短，粗毛含量少，绒纤维呈半截状，这种生产方法既影响羊绒单产，又破坏了绒纤维的长度，降低了价值。

2. 非活羊绒

皮剪绒，是指皮毛厂的碎皮下角料、生皮剪下的绒毛，这些皮子以没有抓过绒的冬皮居多，因此皮剪绒较活剪毛含绒率高。但碎皮下角料一般经过化学药物处理，绒的色泽和强度都不及活剪毛。

皮褪绒，包括干褪绒、灰褪绒、药褪绒和水褪绒4种。这4种绒都是制革厂用石灰、热水或化学药物从皮子上褪下来的绒。

皮抓绒，包括生皮抓绒和熟皮抓绒。生皮抓绒是指从山羊皮上抓下的绒。其特征是：纤维短，含粗毛少，抓花明显，抓眼发圆，光泽暗，油性差。熟皮抓绒是指从熟制山羊皮上抓下的绒。其特征是：绒短而发涩，洁净、抓花明显，抓眼发圆，有硝味或略发酸，无油性。下角料，大体可分为排笔下角料和绒毛下角料两类。排笔下角料数量少，因其已将长毛针剔除，故含绒率较高，可达70%以上。该原料一般出自水褪毛和活羊剪毛。绒毛下角料是指在绒毛加工过程中产生的废料中能够再加工利用的原料。主要来源于从开毛机底部漏下的土杂中含有的短绒和在梳绒机漏底中收集到的仍然含有少量短绒的粗毛下角料(俗称"毛渣")两类。其含绒量极低，纤维长度较短。

（三）残次绒分类

残次绒是指人为或自然因素使山羊绒品质和毛纺价值受到一定影响的山羊绒，均属残次绒。常见的残次绒主要有以下几种：

疥癣绒：山羊患有疥癣病，皮肤中分泌出黏液结成闸皮，抓绒时痂皮混入羊绒内，后道工序很难清除，其特征是绒毛枯燥，无拉力，黏有黄色痂皮。

虫蛀绒：绒纤维被虫咬断，使长度变短，降低使用价值，绒瓜中有虫卵或虫的粪便。

霉变绒：因保管不善，羊绒受潮后发热而变质，颜色变黄或霉变，严重地失去它的拉力和光泽。

刺球绒：抓绒时间过晚，绒瓜内含有大量的粗毛，甚至绒毛不分，毛纺时加大了摘毛难度。

挂抓绒：生产者或出售者，故意弄虚作假，把品质较差的羊绒和好的山羊绒挂在同一抓上，冒充活羊抓绒。

盐绒：抓绒时，在绒内撒进食盐使绒瓜潮湿沉重，发硬、发白，光泽差，应及时晾晒。

絮绒：绒成片状，光泽暗或无光泽，有汗味，带有线头，油性差或无油性。

油绒：形成有三个原因，一是抓绒时，为省力，在瓜子上抹油形成。二是山羊生皮肤病时涂抹油性药膏形成。三是人为掺杂使假造成。其特征是羊绒黏结，发硬，色灰暗，无光泽，带有油味。

肤皮绒：混有山羊皮屑的绒称肤皮绒。分两种：第一种活肤皮，即用手抖动山羊绒时，肤皮会轻易脱落，第二种死肤皮，用手抖时很难抖掉或肤皮连结成片。

陈绒：保存期在 2 年以上的绒为陈绒。

特征：颜色灰暗，光泽差，无油性，弹性、手感不及正常羊绒，有的带防虫剂味。

第四章
羊 皮

　　羊皮（sheep skin），为牛科动物山羊或绵羊的皮。山羊或绵羊的皮含水分、蛋白质、脂肪及无机物质，后两者含量很少，构成表皮层的蛋白质主要为角蛋白；构成真皮层的，主要是胶原蛋白及网硬蛋白，此外尚含弹性硬蛋白，白蛋白，球蛋白及黏蛋白等。

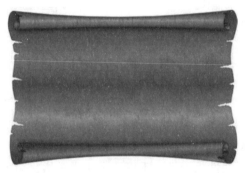

图 4-1　羊皮

　　绵、山羊屠宰后剥下的鲜皮，在未经鞣制以前都称为生皮，生皮分为毛皮和板皮两类。生皮带毛鞣制而成的产品叫作毛皮。鞣制时去毛仅用皮板的生皮叫板皮，板皮经脱毛鞣制而成的产品叫作革。在我国，一般绵、山羊品种都可以生产板皮。我国有些山羊品种以生产板皮而驰名中外，如宜昌白山羊、黄淮山羊、建昌黑山羊等。板皮经脱毛鞣制后，可制成皮夹克、皮鞋、皮箱、包袋、手套、票夹等各种皮革制品，因此，它与羔皮和裘皮一样，在人们日常生活和国民经济中都具有重要的意义。

第一节　羊皮的组织学结构特点

一、羊皮的组织结构

羊皮的一般组织构造与其他哺乳动物皮相似：由毛被、表皮、真皮和皮下组织构成；真皮可分为乳头层和网状层，羊皮乳头层一般较网状层厚。羊皮也有不同于其他哺乳动物皮的显著特征。

（一）部位差明显

羊皮不同部位间存在着一定的厚度差，颈肩部最厚，腹部最薄，臀部介于其间。胶原纤维束粗细度、编织紧密度随部位不同而异：羊皮颈肩部胶原纤维编织比臀部和腹部紧密，乳头层差异尤为明显；粒面的胶原纤维十分纤细且编织非常致密，粒面以下至脂腺底部编织比乳头层松，网状层上中部胶原纤维束较粗，编织较为规整和紧密，下部纤维细小疏松。

乳头层的中下层脂腺、汗腺等非纤维成分多，纤维编织的规整度和紧密度差。绵羊皮毛囊密度大，接近毛球处，呈弯曲形态，占有较大的空间，汗腺分泌部下移至毛球的下方发育变大，且相对集中，形成了一个明显的汗腺分泌层。

（二）弹性纤维发达

弹性纤维分布在竖毛肌与毛囊下段连结处以上及皮下组织层中，乳头层与网状层交接处几乎没有弹性纤维，颈部弹性纤维粗而致密，毛囊周围的弹性纤维形成的致密网络，是鬃毛难脱的原因之一；腹部次之，臀部较少较细，腹部弹性纤维较多而密，颈部稀少。

乳头层弹性纤维多呈树枝状，皮下组织弹性纤维主要是水平及垂直两个走向网状层与皮下组织间分布的一层致密的弹性纤维，在水平方向上为连续的一片，几乎没有空隙。

（三）竖毛肌发达

颈部竖毛肌最发达，毛囊旁有数束肌肉，近粒面处竖毛肌仍较粗大；脂腺以下竖毛肌最为粗壮，在皮中交织成粗大的肌肉网，这也是颈鬃毛难脱的原因。臀腹部竖毛肌不及颈部发达，毛囊旁有一束竖毛肌，不交织成网。如陕北山羊皮竖毛肌不发达，较细。

（四）汗腺发达

山羊皮针毛有一个汗腺，分泌在毛囊下段毛球附近，占有很大空间，穿过竖毛肌变为细长的导管，腹部汗腺分泌部多呈平卧状。山羊皮绒毛的汗腺细小，对产品质量的影响不大，但是汗腺发达，是羊皮易于松面的原因之一。

（五）绵、山羊羊皮的区别

绵羊皮与山羊皮在组织结构上的共同特征是乳头层较厚，以毛根底部为界划分，山羊皮的乳头层占到整个真皮层厚度的 50% ～ 70%，绵羊皮相似甚至更高。这也是羊皮与猪皮、牛皮乳头层厚度上的显著区别之一。总的来说，羊皮胶原纤维束比较细小，且编织疏松，特别是乳头层，胶原纤维非常细小，且由于大量毛囊、脂腺、汗腺的存在，胶原纤维的密度极小。

山羊皮与绵羊皮的不同在于，山羊皮网状层胶原纤维束较绵羊的粗大，且纵横交错，编织较紧密，使山羊板皮比较结实，但不及猪皮和牛皮。在绵羊皮乳头层的中层及下层，由于大量毛囊、汗腺、脂腺等组织存在，胶原纤维变得比较稀疏。在制革加工中，这些毛囊和腺体一旦被除去，便在乳头层中留下许多空隙，使绵羊革空松、柔软、延伸性大而抗张强度较低。

绵羊皮的毛被非常致密，一般作为制作毛皮的原料，不能制作毛皮的才作为制革原料皮。两者粒面的花纹有明显的不同，山羊皮花纹形若覆瓦，而绵羊皮则有似麦穗样花纹，且皮面极为平细。山羊皮沿背脊线的领鬃部位，针毛很粗，其直径在 0.09 mm 以上，致使山羊皮皮面在此位置上较为粗糙，而绵羊皮则无此组织结构。

羊皮的脂肪组织较牛皮发达，皮中的脂肪含量山羊皮占皮重的 5% ～ 10%（干组分重），绵羊皮占干皮重量的 10% ～ 30%（干组分重）。山羊皮的油脂主要分布于较为发达的脂腺中，绵羊皮除有更为发达的脂肪腺外，还在乳头层与网状层的交界处形成一条脂肪带，这条脂肪带的存在，虽然使绵羊皮的油脂含量增高，但也削弱了绵羊皮乳头层与网状层的纤维连接，制革过程中若处理不当，特别容易松面。

第二节　羊皮的资源状况及其品质的特征

一、我国绵羊皮的资源状况及其品质的特征

（一）我国绵羊皮的资源状况

我国制革用的绵羊皮主要来自粗毛羊品种，如蒙古羊、哈萨克羊、滩羊和湖羊等。

（二）绵羊板皮的品质特征

制革用的绵羊皮叫作绵羊板皮。根据绵羊板皮的来源，可以分成 5 大品种：蒙古羊皮、藏羊皮、哈萨克羊皮、滩羊皮、湖羊皮等，其品质各有特征，如下所述：

蒙古羊皮：多为白色，少数头颈与四肢处有黑色或是褐色斑块，皮板厚度及张幅的差异较大，粒面较为平和。

藏羊皮：毛被多为白色，但头、肢为杂色，毛细长均匀。皮板厚实，张幅较小。

哈萨克羊皮：毛被大多为棕红色，毛较粗直，花弯少，皮板厚实，张幅较大。

滩羊皮：毛被多为纯白色，头、眼周围有褐黄色斑。张幅较小，皮板较薄，强度较大，使其成为较为名贵的毛皮原料皮。

湖羊皮：毛被纯白，四肢有黑、黄、褐色斑点。羔羊皮皮板轻柔，毛紧贴皮板，是我国独有的珍贵的毛料原料皮。

（三）我国绵羊皮的分布及利用情况

绵羊板皮在我国分布很广，全国各地的山区、半山区和草原，牧区较多，平原较少。绵羊皮主要用来制裘，不宜制裘或无制裘价值的用于制革。绵羊板皮主要来源于本种绵羊皮。比如初夏时节，刚刚剪完春毛，毛茬很短，高低不齐（俗称剪花），一般也不能制裘，而用于制革。盛夏季节所产之皮，剪口基本长平，俗称"小毛剪花皮"，制裘价值很低，一般多用于制革。

目前，我国的粗毛绵羊皮主要有蒙古羊皮、西藏羊皮、哈萨克羊皮、滩羊皮等。其中，蒙古羊皮分布范围最广，主产区在东北、华北、西北、华中、华东等地区，约占全国羊皮总量的一半以上。绵羊皮产地很广，主要有产于内蒙古、辽宁、吉林、黑龙江、甘肃、陕西、青海和新疆的蒙古羊皮；产于青海、四川和西藏的藏羊皮；产于新疆、甘肃、青海和宁夏的哈萨克羊皮。半粗毛绵羊皮主要有寒羊皮、同羊皮、和田羊皮、湖羊皮等。主产区在河南、安徽、河北（东南）、山东（西南）、江苏（北部），其特点是张幅较大，板薄，绒毛多。

改良绵羊一般指改良代数较少的细毛绵羊，其主要是为得到优质的羊毛而利用国内现有的细毛羊品种选育而成或引进国外细毛羊品种与当地的土种绵羊杂交而成。在改良过程中主要考虑了羊毛的品质和质量，而皮板的质量则较差，制革利用的价值较低，但也有少量被用来制作成一些具有特殊效应的服装革。改良绵羊皮的组织结构特征张幅大（可达 1.1 m^2，毛长绒足）；

油脂含量高（40%～50%）；部位差较大，主要存在于颈、背脊线、臀部与边腹部位之间；粒面有不规则自然花纹，毛孔较小；乳头层与网状层交界处毛囊密集，汗腺、脂腺丰富，造成乳头层与网状层联系薄弱；乳头层纤维稀疏、强度低，网状层纤维相对比较丰富，纤维束较为粗大，因此，改良绵羊皮的强度取决于网状层的强度。

但是，随着我国畜牧业的不断发展和人们消费水平不断提高以及膳食结构的变化，改良羊皮所指的含义和内容也发生了相应的变化。现在所讲的改良羊一般多指用肉羊杂交改良后的绵、山羊，而改良羊皮指的是肉用种羊杂交其他羊只后改良的绵、山羊皮，其数量巨大。

二、我国山羊皮的资源状况及其品质特征

普通山羊毛皮是以皮革的形式利用的，因此皮上的毛纤维价值很低。山羊板皮用作制鞋工业占60%～70%，外衣占20%，其他（包括书的封面和行李包等）占10%～20%。中国南方地区生产的山羊皮，均作板皮，用于制革；北方地区生产的山羊皮，仅部分用于制革。

（一）各路山羊板皮的产地和特征

山羊板皮过去是我国传统出口的大宗商品。由于质量好而备受欢迎，特别是四川路和汉口路板皮在国际市场上久负盛名。山羊皮大体上可分为"五个大路"。各路的产地和特点简述如下：

1. 四川路板皮　主要产于四川、贵州两省的地方山羊，如成都麻羊、板角山羊等,在各路山羊板皮中，以四川路的品质最好。其特点是被毛短、光泽好、板皮张幅大、质坚韧，薄厚均匀，板皮胶原纤维细而结构致密，板面细致光滑，皮形为全头全腿的方圆形。

2. 汉口路板皮　主要产于河南、安徽、山东、江苏、浙江、上海、湖北、湖南、广东、河北、福建、江西、陕西等省（自治区、直辖市）的山羊，如黄淮山羊、马头山羊等。其特点是被毛较粗短，多为白色，黑色很少，皮板张幅略小，板皮细致油润，板质柔韧，弹性好，板皮多呈蜡黄色，皮形为全头全腿的方形。

3. 华北路板皮　主要产于山西、天津、内蒙古、辽宁、吉林、黑龙江、宁夏、甘肃、青海、新疆、西藏等省的山羊，如太行山羊、新疆山羊和内蒙古山羊等，其特点是被毛较长，有黑、白、青等色，多底绒，颜色杂，皮板张幅大，皮厚而重，皮层纤维较粗，板面粗糙，皮形为不带头腿的长方形。

4.**云贵路板皮** 主要产于云南及相连的贵州、四川地区的山羊，如隆林山羊，贵州白山羊等。其特点是被毛粗短，黑、白、花色均有，以白色居多，皮板张幅中等，板质特薄，板面略粗，皮形呈方形。

5.**济宁路板皮** 主要产于鲁西南的济宁青山羊产区，其特点是被毛为灰色（青色），也有少数为黑、白色者，毛较短细，皮板稍薄，细致、张幅较小。有油性，皮形为全头全腿的近似长方形。

（二）山羊板皮规格质量

1986年国家标准局发布了中华人民共和国山羊板皮国家标准（GB 6440—86），对各路山羊板皮的规格质量有明确的要求（表4-1）。

表 4-1 山羊板皮规格质量

等级	品质质量	四川路 汉口路 济宁路 云贵路		华北路	品质比差（%）
		面积（m²）	重量（g）	面积（m²）	
特等	板质良好。在重要部位允许带 0.2 cm²（如绿豆大小）伤痕一处，或板质尚好，重要部位没有任何伤残或缺点，可在接近两肷的边缘规定部分带有小的（0.2 cm²）伤痕一处	0.44 以上	600 以上，云贵路无要求	0.5 以上	120
一等	板质良好，在重要部位允许带 0.2cm²（如绿豆大小）伤痕一处，或板质尚好，重要部位没有任何伤残或缺点，可在接近两肷的边缘规定部分带有小的（0.2 cm²）伤痕一处	0.23 以上	四川路、云贵路为325以上；汉口路、济宁路为300以上	0.33 以上	100
二等	板质较弱，或具有一等皮板质的轻烟熏板、轻冻板、轻疥癣板、钉板、回水板、死羊淤血板、老公羊皮，都可带伤残不超过全皮面积的0.3%；或具有一等皮板质，可带伤残不超过全皮面积的1%,或有集中疥、痘总面积不超过全皮面积的10%；制革价值不低于80%	四川路、云贵路为0.23以上；汉口路、济宁路为0.19以上	300 以上，云贵路无要求	0.28 以上	80

续表

等级	品质质量	四川路 汉口路 济宁路 云贵路		华北路	品质比差（%）
		面积（m²）	重量（g）	面积（m²）	
三等	板质瘦弱，允许带集中伤残不超过全皮面积的5%；或具有二等皮板质的冻板、陈板、疥癣板、烟熏板、回水板，都允许带集中伤残不超过全皮面积的10%；或具有一等皮板质，允许带伤残不超过全皮面积的25%；制革价值不低于60%	四川路、云贵路为0.23以上；济宁路为0.19以上	250以上，云贵路无要求	0.22以上	50
等外	不具备等内品质				30以下

第三节　羊皮的用途

从整个世界范围来看，各类原料皮在整个制革行业中所占的比例是不同的（表4-2），所占比例最大的是牛皮，其次是羊皮，最小的是爬行类动物皮及鱼皮。

表4-2　各类原料皮在制革工业中所占的比例（单位：%）

牛皮（含犊牛皮）	山羊皮（含羔皮）	绵羊皮（含羔皮）	猪皮	爬行动物皮及鱼皮	其他皮
65～70	8～10	10～12	3～5	大于1	1～2

目前，我国羊皮成品革生产量在世界皮革行业中位居世界第一，约占世界羊皮成品革总产量的20%以上。特别是进入21世纪以来，中国在绵、山羊的数量和羊肉、山羊绒、羊皮、羊肠衣等产品产量方面均居世界首位。根据中国农业统计资料2003年年鉴，我国绵、山羊存栏数达到3.39亿只，其中绵羊占1.56亿只，占绵山羊总数的46.21%，山羊达1.83亿只，占绵、山羊总数的53.80%。2004年，我国绵、山羊存栏数达到了3.66亿只，其中绵羊1.71亿只，山羊1.96亿只。绵羊皮主要分为细毛羊皮、改良绵羊皮和土种绵羊皮，一般情况下，细毛羊皮和改良羊皮用作制裘原料皮，而土种羊皮用来制革。

一、我国羊皮制革的特点

（1）我国的羊皮制革呈现出明显的区域性，正逐步形成几个羊皮制革生产、集散中心。如河北的辛集、留史，浙江的海宁、桐乡等。

（2）我国的羊皮制革拥有雄厚的加工能力。我国羊皮成品革产量位居世界第一，可以说我国的羊皮制革有相当大的生产能力。

（3）经过多年的发展以及研究成果的大量应用，我国已经出现了数家知名的羊皮制革企业，无论从规模、产量，还是生产技术，都已逐步接近国际水平。

（4）随着世界产业结构的调整，皮革工业正由发达国家向发展中国家转移，这是一个总趋势，我国的羊皮制革有了很大的发展空间。

二、羊皮的初加工

羊皮的初加工一般指宰杀剥皮、整形处理、防腐处理和贮藏及运输四个环节。

（一）屠宰剥取羊皮的方法

1. **较好的宰杀方法**：将宰杀羊保定好，再固定。先用刀在羊的颈部纵向切开皮肤，切口约 8 ～ 10 cm，约一个拳头大小，然后用力将刀子伸入切口内把气管、血管切断，将血引出，或将气管、血管拉出皮外切断，以防血液污染皮毛。血放完后，趁羊体温未降低时马上剥皮。注意：剥皮不宜用刀剥或气吹，因为刀剥易伤害皮张，气吹对吹气者有害。

2. **最好的宰杀方法**：将宰杀羊只保定并固定好后，仰卧在一块洁净的案板上，用尖刀在腹中线先挑开皮层，继而向前沿着胸部中线挑至下颚的唇边，然后回手沿中线向后挑至肛门处；再从两前肢和两后肢内侧挑开两横线，直达蹄间，垂直于胸腹部的纵线；然后用刀沿着胸腹部挑开的皮层方向剥开 5 ～ 8 cm，分开皮子与肉层之间附着的黏膜，用一只手拉紧胸腹部挑开的皮边，一只手用拳头击肉，边拉边击，这样可很快将整个羊皮剥下。击打肉面时，用力要均匀，尽量使剥下的皮子上不要附着肉渣和油脂。

3. **实用的宰杀方法**：将待杀羊固定好后，将其头朝下，直接悬挂于架梁上放血，待血流完后再剥皮；也可将宰杀羊放血完毕后，再悬挂于架梁上进行剥皮。此方法既不会污染羊皮，又使剥皮较为轻松。

4. **特别要注意**：目前肉用改良绵羊体格较其他绵羊大，同时由于其肉用性能比当地绵羊要好，使得羊皮薄厚程度相对较薄，并且宰杀后羊皮的面积较大。因此，在屠杀羊和剥取羊皮时，切勿在剥取过程中用力过大将羊皮扯断、弄破或是刮破，从而影响羊皮的质量。传统的宰杀方法"大抹脖"是不可取的。

（二）整形处理

羊宰杀后对皮的整形处理：先将毛面向下，平铺于较高的垫板上，用湿布除去污垢、粪便等脏物，用铲刀或是钝刀等工具对羊皮皮板上肉屑、脂肪、凝血及杂质进行刮油（从动物体上剥下的皮必须立即刮油，刮油方向应该从臀部刮向头部），要注意不要刮破皮板，也不要用清水清洗羊皮上的杂质。然后再去掉口唇、耳朵、蹄瓣、尾骨及有碍于皮张平整的皮角边等。最后要按照皮张的自然形状和伸缩性质，把皮张各部都平坦地舒展开，使皮张外形平整、均匀、方正。清理完毕后，立即对鲜皮进行称重和记录，并做好标记（以便识别羊皮的品种、年龄和性别），便于羊皮生皮的加工组批。

（三）防腐处理

羊屠宰剥皮后，剥下的毛皮（也叫生皮）在冷却之后，应立即进行防腐。防腐的原理是在生皮内外造成一种不适宜细菌和酶作用的环境，即用降低温度，除去或降低生皮中的自由水分，利用防腐剂、消毒剂或化学药品等方法，消灭细菌或阻止酶或细菌对生皮的作用。我国当前使用的防腐方法有以下几种：

1. 盐腌法

此法是采用干燥食盐或盐水来处理准备好的鲜皮，借以保存生皮。这种方法最大的优点在于它几乎不影响生皮固有的天然质量，如果盐腌方法正确，堆皮适当，又能遵守湿热管理规程，可使盐腌皮长期保存而不变质。

（1）干盐腌法

将纯净而干燥的盐均匀地撒在鲜皮内面上，盐的用量为皮重的35%～50%，盐首先溶解于皮板表面的水中，生成饱和溶液，然后逐渐渗入皮内，把皮内的水分排到表面，水又溶解盐，形成较浓盐液，又渗入皮内，这种溶解和渗入的过程连续进行，直到皮内与皮外盐浓度相等，即达平衡（共需 6～8 d）。为了更好地保护生皮的质量，可将相当于盐重 1.0%～1.5% 的防腐剂对氯二苯或相当于盐重 2%～3% 的萘加入盐中。

（2）盐水腌法

先在容器中配制浓度为 24%～26% 的食盐溶液（24°Be），液比值为 4，将准备好的鲜皮置入其中，浸泡 16～26 h，每隔 6 h 添加食盐使其浓度恢复到规定值、盐液的最适温度为 15℃（一般在 10～20℃）。然后将皮取出，滴液 48 h，再用鲜皮重 20%～25% 的干盐按干盐腌法处理。

盐水腌皮法与干盐腌法相比，盐渗透迅速而均匀，细菌作用和酶作用停止快，不会形成掉毛现象，皮中无用蛋白质能很快溶解于盐液中而被除去。因此，盐水腌过的皮更耐贮藏。但盐的消耗量多，劳力消耗大。

凡腌制正常的毛皮，其皮板呈灰色，紧实而有弹性，湿度均匀，毛被湿润良好。

2. 干燥法

干燥防腐法是指将鲜皮晾干到水分含量为12%～16%，而不应用食盐或其他防腐剂的方法。当生皮的含水量降低到15%左右时，就不利于细菌的繁殖，可以暂时抑制微生物的活动而达到防腐的目的。

鲜皮干燥的最适温度为20～30℃。当温度低于20℃时，水分蒸发缓慢，干燥时间长，可能会使皮遭受细菌作用而腐烂。当温度超过30℃时，皮板表面水分蒸发快，会造成皮表面收缩或使得胶原胶化，阻止水分从内层蒸发而使得生皮成为外干内湿的状态。若内层遭受细菌破坏时，则在浸水时发生分层。此外，高温干燥还可能使胶原发生不可逆变性，干燥不均匀，会使生皮浸水不均匀，不便实施以后的削肉和其他操作。

空气湿度对于鲜皮的干燥速度及生皮的质量也有很大的影响。湿度太大，干燥缓慢，生皮就会遭受细菌的作用而腐烂。湿度大于60%时，即使干燥时间很长，皮板仍然呈湿润状态。湿度为65%～70%，温度为15～25℃时，干燥缓慢，皮板常会发生霉烂。为了防止皮腐烂而干燥时间又不太长，宜在湿度为45%～60%下进行干燥。湿度太低，干燥迅速，也会产生干燥不均匀和外干内湿的缺陷。另外，干燥生皮的场所，必须通风良好，而悬皮方向要顺着空气流向，皮与皮之间保持适当间隔（12～14 cm)，使全皮能被空气流均匀干燥。同时，鲜皮的干燥速度，也和干燥场所空气回流速度和更新次数有关，如果与皮肤接触的空气层保持静止而不流动，就会迅速为水气所饱和，使干燥时水分蒸发迟缓或停止，从而就有遭受细菌的作用而发生腐败的危险。

干燥防腐法的优点是操作简单、加工时间短、经济、皮板洁净、便于贮藏和运输等。缺点是皮板僵硬、容易折裂、贮藏时容易受虫蛀，并且干燥过度的生皮难以浸软，对生产有一定的影响。

（四）贮藏保存及运输

生皮经过防腐处理后，无论是生产者、经营者，还是皮革加工厂家，都会遇到贮藏问题，因此要提供一个良好的贮藏环境：

1. 仓库地点的选择

仓库应选择在地势较高、通风好、交通便利、距离生活区稍远的地方。要求仓库宽敞、干净、严密、干燥，保证有充足的阳光（阳光不能直射在皮板上）。仓库内凉爽、隔热，防虫、防鼠，最好用防潮的水泥地面，防雨漏和风雪侵入，切勿在露天或冷湿处保存。

2. 仓库内温湿度的管理

在腌制期间，室温不超过 20～25℃。相对湿度最好保持在 60% 左右，使生皮的含水量保持在 12%～20% 之间。倘若温度过高会导致虫害，湿度过大则会使皮板发生霉变，湿度过小则会使皮板过干而脆硬。实践证明："甜干皮"温度要求在 10～22℃，最高不超过 30℃，相对湿度 50%～60%；盐干皮要求温度在 5～20℃，相对湿度在 67%～75% 为宜。仓库内要保留一定的空余面积，以便翻堆倒垛及库检；堆放羊皮的行列之间应该留有通道，以便空气流通；经常要加强安全检查，翻垛以防受潮。一般 7～10 d 检查一次，发现问题要及时处理。

羊皮的叠放保存与堆垛要有讲究，凡经过防腐处理而且卫生合格的生皮要打记号，做记录（对羊皮的来源、品种、年龄等一一记录，以便于管理）后即可入库贮藏。羊皮的库存堆放形式以铺叠式效果最好（即将羊皮整个完全铺开）。堆垛要求：叠放时应该以每两张羊皮毛面对毛面，板面对板面为一个单元，最下一层板面朝下，最上一层板面朝上，一张张要仔细堆垛，并用细绳捆成小捆，远离地面和墙壁，放置在事先准备好距离地面在 10～20 cm 的床板上，整齐叠放至 1～1.5 m 高。生羊皮堆垛与堆垛之间要有一定的距离，一般在 20～30 cm 之间合适。

在运输过程中，羊皮的毛面应该向里，板面朝外，以 10～20 张为一捆，用细绳捆好存放入库。羊皮起运和到达终点时，应该放置于库房中。装卸羊皮时，尽量使羊皮铺平以防羊皮折断。

第四节　羊皮鉴别具体操作

一、手摸

即用手触摸皮革表面，如有滑爽、柔软、丰满、弹性的感觉就是真皮；而一般人造合成革面发涩、死板、柔软性差，用手指按一下靠近鞋底的鞋面边缘部分，如果是牛皮，就会出现细小的皱纹。手指放开后，皱纹会自然消失。而合成革却不会出现这种现象。

二、眼看

真皮面革有较清晰的毛孔、花纹，绵羊皮有较均匀的细毛孔，牦牛皮有较粗而稀疏的毛孔，山羊皮有鱼鳞状的毛孔。人造革与合成革，其特征没有毛孔。"仿羊皮"等合成革无论仿得多像，仔细观察也可看出模具塑压后的痕迹。

三、嗅味

凡是真皮都有皮革的气味；而人造革都具有刺激性较强的塑料气味，燃烧时没有毛发焦臭味。 鉴别方法：从背面撕下一点纤维，点燃后，发出毛发气味，不结硬疙瘩的是真皮；发出刺鼻的气味，结成疙瘩的是人造革。

第五章

羊 奶

　　羊奶以其营养丰富、易于吸收等优点被视为乳品中的精品，被称为"奶中之王"，是世界上公认的最接近人奶的乳品。羊奶的脂肪颗粒体积为牛奶的三分之一，更利于人体吸收，并且长期饮用羊奶不会使人发胖。

　　羊奶分为山羊奶和绵羊奶，羊奶干物质中蛋白质、脂肪、矿物质含量均高于人奶和牛奶，乳糖低于人奶和牛奶。羊奶的膻味来自羊本身皮毛的气味以及羊奶中某些化学成分。而羊奶中的化学成分如己酸（$C_6H_{12}O_2$）、羊脂酸 [$CH_3(CH_2)6COOH$] 和癸酸（$C_{10}H_{20}O_2$）等，是造成羊奶特殊风味的主要原因。羊奶中的维生素及微量元素明显高于牛奶，美国、欧洲的部分国家均把羊奶视为营养佳品，欧洲鲜羊奶的售价是牛奶的 9 倍。专家建议患有过敏症、胃肠疾病、支气管炎症或身体虚弱的人群以及婴儿饮用羊奶。

　　羊奶小分子小到 2.658 μm，羊奶吸收率高达 95%，羊乳的 β 酪蛋白均为 A2 型，且不会产生 BCM-7，羊乳中天然的乳铁蛋白含量约为 10.23 mg/100g。山羊乳中含有丰富的低聚糖群，总低聚糖含量约为 0.25 ～ 0.3 g/L，有助于维持婴儿肠道的正常发育。

第一节　羊奶的营养价值

一、羊奶的营养

　　干物质、热量：羊奶干物质含量与牛奶基本相近或稍高。每千克羊奶的热量比牛奶高 210 千焦。

　　脂肪：羊奶脂肪含量为 3.6% ～ 4.5%，脂肪球直径 2 μm 左右，牛奶脂肪球直径为 3 ～ 4 μm。羊奶富含短链脂肪酸，低级挥发性脂肪酸占所有脂肪酸含量的 25% 左右，而牛奶中则不到 10%。羊奶脂肪球直径小，使其容易消化吸收。

蛋白质：羊奶蛋白质主要是酪蛋白和乳清蛋白。羊奶、牛奶、人乳三者的酪蛋白与乳清蛋白之比大致为 75 : 25（羊奶）、85 : 15（牛奶）、60 : 40（人乳）。可见羊奶比牛奶酪蛋白含量低，乳清蛋白含量高，与人奶接近。酪蛋白在胃酸的作用下可形成较大凝固物，其含量越高蛋白质消化越低，所以羊奶蛋白质的消化率比牛奶高。

矿物质：羊奶矿物质含量为 0.86%，比牛奶高 0.14%。羊奶比牛奶含量高的元素主要是钙、磷、钾、镁、氯和锰等。

维生素：经研究证明，每 100 克羊奶所含的 10 种主要的维生素的总量为 780 μg。羊奶中维生素 A、维生素 B_1、维生素 B_2、维生素 C、泛酸和尼克酸的含量均可满足婴儿成长的需要。

酸度、缓冲性：羊奶的自然酸度（11.46）低于牛奶的自然酸度（13.69），氢离子浓度分别为 190.5 和 239.9 nmol/L（pH6.72 和 6.62）。羊奶的主要缓冲成分是蛋白质类和磷酸盐类。羊奶的优越缓冲性能使之成为治疗胃溃疡的理想食品。

胆固醇：每 100 克羊奶胆固醇含量为 10 ~ 13 mg，每 100 克人乳可达 20 mg。

核酸：羊奶比牛奶和人乳的核酸（脱氧核糖核酸和核糖核酸）含量都高。构成核酸的基本单位是核苷酸，在羊奶的核苷酸中，三磷酸腺苷（ATP）的含量相当多。核酸是细胞的基本组成物质，它在生物的生命活动中占有极其重要的地位。

与牛奶相比，喝羊奶的人较少，很多人闻不惯它的味道，对它的营养价值也不够了解。其实，早在《本草纲目》中就曾提到："羊乳甘温无毒、润心肺、补肺肾气。"中医一直把羊奶看作对肺和气管特别有益的食物。

表 5-1　几种奶营养成分比较（%）

奶类	干物质	蛋白质	脂肪	乳糖	矿物质
人奶	12.42	2.01	3.74	6.37	0.30
牛奶	12.75	3.39	3.68	4.94	0.72
山羊奶	12.97	3.53	4.21	4.36	0.84
绵羊奶	18.40	5.70	7.20	4.60	0.90

对于妇女来说，羊奶中维生素 E 含量较高，可以阻止体内细胞中不饱和脂肪酸氧化、分解，延缓皮肤衰老，增加皮肤弹性和光泽。而且，羊奶中的上皮细胞生长因子对皮肤细胞有修复作用。对于老年人来说，羊奶性温，具有较好的滋补作用。上皮细胞生长因子也可帮助呼吸道和消化道的上皮黏膜细胞修复，提高人体对感染性疾病的抵抗力。羊奶的脂肪球与蛋白质颗粒只有牛奶的 1/3，且颗粒大小均匀，所以更容易被人体消化吸收。

二、营养成分对比

山羊奶中的总脂肪含量，蛋白质含量比例较绵羊奶更加接近母乳，其中总脂肪含量仅为绵羊奶的 56%；$\alpha S1-$ 酪蛋白是奶制品过敏的主要过敏原蛋白，绵羊奶的 $\alpha S1-$ 酪蛋白占比为 52%，高出山羊奶约 10 倍，因此，其致敏性更高；山羊奶中类 HMO 含量和种类丰富，比牛奶和绵羊奶高近 10 倍；除牛奶外，只有山羊奶同时获得了美国 FDA GRAS 和欧盟 EFSA 安全许可，只有获得安全许可的牛奶和山羊奶蛋白才能用作生产婴配粉；山羊奶乳铁蛋白 (μg/mL) 高于绵羊奶 1.6 倍；免疫球蛋白山羊奶 1.4%，绵羊奶 1.2%；人体 8 种必需氨基酸含量：山羊乳 5 种高于绵羊乳；山羊奶支链氨基酸 (mg/g 总氨基酸) 高于绵羊奶 5%，接近母乳；不同乳源矿物质：钾、磷、钠在山羊乳中的含量均高于绵羊乳；山羊奶硒、锰高于绵羊奶 1.5 倍以上，符合新国标要求；山羊奶维生素 A、硫胺素高于绵羊奶 1.3 倍；酪蛋白胶束大小：山羊乳＞绵羊乳，胶束越大，越蓬松，越易人体消化；山羊乳中链脂肪酸 (MCT) 的含量能够占到总脂肪的 19.8%，比绵羊乳高，MCT 能够被人体消化酶快速分解，在肠道被直接吸收，迅速为人体供能；不同乳源乳铁蛋白抗菌，山羊乳乳铁蛋白只需要 2 mg/mL 就可以完全抑制细菌生长，而母乳 LF 和绵羊 LF 所需要的浓度更高，证明山羊乳乳铁蛋白杀菌效果最好；常见的五种脑磷脂中，山羊奶 4 种的浓度高于绵羊奶，有利于宝宝脑部发育。

第二节　羊奶的功效作用

鲜羊奶味甘，性温，入肝、胃、心、肾经，有温润补虚养血的良好功效。

羊奶营养分析：羊奶含蛋白质、脂肪、碳水化合物、维生素 A、维生素 B、钙、钾、铁等营养成分。现代营养学研究发现，羊奶中的蛋白质、矿物质，尤其是钙、磷的含量都比牛奶略高；维生素 A、B 含量也高于牛奶，对保护视力、恢复体能有好处，和牛奶相比，羊奶更容易消化，婴儿对羊奶的消化率可达 94% 以上。

羊奶营养分析：

羊奶含蛋白质、脂肪、碳水化合物、维生素 A、维生素 B、钙、钾、铁等营养成分。现代营养学研究发现，羊奶中的蛋白质、矿物质，尤其是钙、磷的含量都比牛奶略高；维生素 A、B 含量也高于牛奶，对保护视力、恢复体能有好处。和牛奶相比，羊奶更容易消化，婴儿对羊奶的消化率可达 94% 以上。

羊奶适合人群：一般人都可食用；

①适宜营养不良、虚劳羸弱、消渴、反胃、肺痨（肺结核）咳嗽咯血、患有慢性肾炎之人食用。羊奶是肾病病人理想的食品之一，也是体虚者的天然补品；

②急性肾炎和肾功能衰竭患者不适于喝羊奶，以免加重肾脏负担。慢性肠炎患者不宜喝羊奶，避免生胀气，影响伤口愈合，腹部手术患者一两年内不要喝羊奶。

羊奶食疗作用：

味甘、性温，入胃、心、肾经；

有滋阴养胃、补益肾脏、润肠通便、解毒的作用；

可用于虚痨羸瘦、消渴、反胃、呃逆、口疮、漆疮等症。

治小儿口疮，以羊奶细细沥于口中；对生漆疮的患者，取羊奶涂搽于患部即可。

第三节　羊奶的产业分布

羊奶作为天然产物，由于养殖区域限制，其资源相对稀缺，产量相对稳定，全球的羊奶资源主要分布在少数畜牧业和乳制品业发达的国家，如新西兰、荷兰等农业地区。山羊奶主要产于新西兰、印度、孟加拉国，欧洲主要是法国、西班牙和希腊，在我国，陕西奶山羊数量处于领先地位。

①羊奶中乳蛋白含量高，因此蛋白凝块细而软，也有助于被人体吸收利用。

②羊奶的脂肪结构中，碳链短，不饱和脂肪酸含量高，呈良好的乳化状态，

更有利于机体直接利用。

③羊奶中的免疫球蛋白含量很高。免疫球蛋白在人体中的作用是抗生素类药物不能替代的。通常感冒、流感、肺炎等由病毒引起的疾病，抗生素不仅不能有效地杀灭病毒，相反会给人体带来很多副作用，免疫球蛋白则能有效地消灭病毒，保护人体不受伤害。

羊奶的营养价值要高于牛奶，而且羊奶比牛奶更利于人体吸收。

①羊奶中的蛋白质结构与母乳相同，含有大量的乳清蛋白，虽存在致敏风险，但以现有研究来看，羊奶比其他奶制品更易消化吸收，未引起胃部不适、腹泻等乳制品过敏症状发生。所以羊奶是任何体质的人都可以接受的乳制品。

②羊奶的脂肪结构与母乳相同，碳链短，不饱和脂肪酸含量高，呈良好的乳化状态，多饮用也不会在体内形成脂肪堆积。

③羊奶中含有与母乳相近的丰富的矿物质、微量元素、多种维生素、牛磺酸、二十二碳六烯酸等。

④羊奶中富含与母乳相同的上皮细胞生长因子(EGF)，对人体鼻腔、血管、咽喉等黏膜有良好的修复作用，能够提高人体抵抗感冒等病毒侵害的能力，减少疾病的发生。

PK 牛奶

营养素含量大盘点：

①羊奶中含有 200 多种营养物质和生物活性因子，其中蛋白质、矿物质及各种维生素的总含量均高于牛奶。

②羊奶中乳固体含量、脂肪含量、蛋白质含量分别比牛奶高 5% ～ 10%。

③羊奶中的 12 种维生素的含量比牛奶要高，特别是维生素 B 和尼克酸含量要比牛奶中高 2 倍。

④每 100 克羊奶的天然含钙量是牛奶的两倍。

⑤每百克羊奶的铁含量是牛奶的 25 倍。

奶山羊是一种以整株草 (包括根) 为食的动物，所以在养殖方面会受到一定的限制，羊奶的奶源十分稀少。再加上奶山羊产奶期较短，每年的 3 ～ 10 月为奶山羊的产奶期，所以产奶量是不能与牛奶相比较的。这些因素势必导致羊奶要比牛奶价格高。在一些发达国家，羊奶制品是乳制品市场的高端产品，消费对象主要是一些高收入的家庭。

常饮羊奶不易上火

专家指出：婴幼儿常见的"上火"，多是由于免疫功能差，内分泌和新陈代谢功能不完善引起的。通常把口疮、便秘、局部红肿热痛，归为"上火"。这与现代医学的炎症反应是基本一致的。《本草纲目》《备急千金要方》等均记载羊奶可以治口疮、头疮、便秘等。

表 5-2　绵羊奶与山羊奶营养成分对比

氨基酸 /g	绵羊奶	山羊奶	功效
精氨酸	0.198	0.119	修复伤口，激发免疫功能，促进荷尔蒙的分泌
异亮氨酸	0.338	0.200	帮助肌肉损伤的恢复，调整血糖及能量水平
组氨酸	0.167	0.089	提升对环境过敏的抵抗力，帮助预防贫血
亮氨酸	0.587	0.314	减缓肌肉组织的退化
赖氨酸	0.513	0.290	组成机体所有蛋白质
蛋氨酸	0.155	0.080	提供正常新陈代谢及所需的物质
苯丙氨酸	0.284	0.155	被认为是具有减缓疼痛及抗抑郁的功效
苏氨酸	0.268	0.163	帮助营养物质的吸收，用于生产抗体
色氨酸	0.084	0.044	作为膳食补充剂，能有效促进睡眠
缬氨酸	0.448	0.240	对小孩生长及成人氮元素平衡很重要

第四节　山羊奶制品的主要加工工艺与羊产业发展趋势

一、山羊奶制品的主要加工工艺

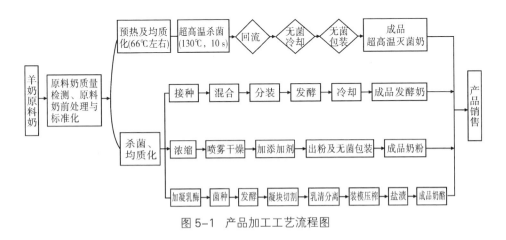

图 5-1　产品加工工艺流程图

二、山羊奶发展趋势

国内外营养学家一致认为羊奶是最接近人乳的乳品，羊奶粉恰好满足了部分对牛奶过敏的婴幼儿的需求。近年来，随着羊奶脱膻技术的进步，消费者厌烦的膻味没有了，而羊奶奶味香浓、纯正的特点得到了保留。我国山羊奶产量约占中国奶类总产量的3%，但在一些欧美发达国家，羊奶已成为人们生活的必需品，且品种齐全，市场占有率超过80%，大大超过牛奶。有专家预计，随着人们消费结构、消费意识、消费观念的深刻变化，羊奶粉走俏中国高端婴幼儿配方奶粉市场应该是情理之中的事。

数据显示，2018年末，中国母婴家庭群体规模将达到2.86亿，相比2010年增长21.2%。随之而来的是巨大的消费市场，2018年中国母婴市场规模有望突破3万亿元。长期以来，以牛乳为原料的奶粉占据奶粉的绝对统治地位。但随着消费需求和供给结构的变化，近年来，羊奶粉的生产和销售显著增长，引起愈来愈多的关注。羊奶粉产业快速发展为中国的乳品行业提供了新的增长引擎。

第六章
羊 毛

羊毛（Wool）主要由蛋白质组成。人类利用羊毛可追溯到新石器时代，由中亚向地中海和世界其他地区传播，遂成为亚欧的主要纺织原料。羊毛纤维柔软而富有弹性，可用于制作呢绒、绒线、毛毯、毡呢等纺织品。羊毛制品有手感丰满、保暖性好、穿着舒适等特点。绵羊毛在纺织原料中占相当大的比重。世界绵羊毛产量较大的有澳大利亚、苏联、新西兰、阿根廷、中国等。绵羊毛按细度和长度分为细羊毛、半细毛、长羊毛、杂交种毛、粗羊毛等5类。中国绵羊毛品种有蒙羊毛、藏羊毛、哈萨克羊毛。评定羊毛品质的主要因素是细度、卷曲、色泽、强度以及草杂含量等。

第一节　羊毛的构造

一、形态学结构

在形态学上，羊毛可分成毛干、毛根和毛球三部分。

毛干：羊毛纤维是露出皮肤表面的部分，这一部分通常称毛纤维。

毛根：羊毛纤维在皮肤内的部分称为毛根。它的上端与毛干相连，下端与毛球相连。

毛球：位于毛根下部，为毛纤维的最下端部分。毛球围绕着手乳头并与之紧密相接，外形膨大成球状，故称之为毛球。它依靠从毛乳头中获得的营养物质，使毛球内的细胞不断增殖，从而促使羊毛纤维生长。

除上述外，羊毛纤维的周围还有以下一些有关的组织和附属结构：

毛乳头：位于毛球的中央，由结缔组织组成。其中，分布有密集的微血管和神经末梢，是供给羊毛营养的器官，对于羊毛的生长具有决定性作用。

毛鞘：由数层表皮细胞所构成的管状物，它包围着毛根，所以亦称根鞘。毛鞘可分为内根鞘和外根鞘。内根鞘的三层细胞结构，被称为内根鞘角质层、Huxley 层和 Henle 层，是从真皮乳头附近的胚层细胞分化而来的。内根鞘细胞中有丰富的桥粒，内根鞘在外根鞘内部向上移动支撑生长的纤维，但到了皮脂腺层，内根鞘细胞开始退化成碎片最后消失，释放出毛纤维。外根鞘不同于其他中央细胞层，它有自己的细胞群，且一直伴随着真皮层。因此，真皮中的中间丝蛋白不是毛发类型的中间丝蛋白，它能够在外根鞘表达 K2.5 和 K1.14，是真皮中的基本角蛋白，但在外根鞘中也很丰富。

毛囊：是毛鞘及周围的结缔组织层，形成毛鞘的外膜，如囊状，故称毛囊。毛囊的生长还有一些附属结构维持毛囊的发育和耸立，其中包括皮脂腺、汗腺和竖毛肌。皮脂腺位于毛鞘两侧分泌导管上 1/3 处，主要作用是分泌油脂。油脂与汗液在皮肤表面混合，称为油汗，对毛纤维有保护作用。汗腺位于皮肤深处，其分泌导管大多数开口于皮肤表面，有的也开口于毛囊内接近皮肤表面的地方，可调节无用的代谢产物。皮脂腺和汗腺都有导管开口于毛发管，滋养毛纤维。次级毛囊只有皮，初级毛囊有皮脂腺、汗腺和竖毛肌附着。

毛肌：是生长于皮肤较深处的小块肌纤维。它一端附着在皮脂腺下部的毛鞘上，另一端通过毛肌的收缩和松弛可以调节皮脂汗腺的分泌，调节血液与淋巴液的循环。

二、组织学结构

羊毛是细长的实心圆柱体，呈卷曲状，纤维的组织结构分三层，即鳞片层、皮质层和髓质层。

鳞片层：鳞片层是羊毛的表层，它的生长有一定的方向，由毛根指向毛尖，每一鳞片在毛根的一端与皮质层相连，另一端向外撑开着，一片片覆盖衔接。鳞片在羊毛上的覆盖密度，因羊毛品种存在着较大的差异。羊毛越细，鳞片越多，重叠覆盖的部分越长，鳞片多呈环状。羊毛越粗，鳞片越少，重叠覆盖的长度越短，鳞片多呈瓦楞状和鱼鳞状，相互重叠覆盖。鳞片结构坚韧，使羊毛具有抗磨损性及抗污染性。鳞片层还能使羊毛具有良好的光泽。

皮质层：皮质层是羊毛纤维的主要组成部分，它是由许多蛋白质细胞组成的，其组成物质叫作角朊或角蛋白质。细胞之间互相黏合，中间存在空隙。皮质层是决定羊毛纤维物理、机械和化学性质的主要部分。其分为正皮质层和副皮质层两种。在有卷曲的羊毛纤维中，受力后可以拉直延伸达 20% 左右，放松后，又能恢复原来的卷曲状态。在卷曲波外侧的称为正皮质细胞，内侧的称为副皮质细胞。正皮质层比副皮质层含硫量低，因此化学性质较活泼，易于染色。而副皮质层则相反。在优良品种的细羊毛中，两种皮质层细胞分别聚集在毛干的两半边，并沿纤维轴方向互相缠绕，称为双边异构现象。

髓质层： 髓质层在羊毛纤维的中心部分，是一种不透明的疏松物质。一般细羊毛无髓质层，较粗的羊毛有不同程度的髓质层。髓质越多，羊毛外形越平直且粗硬，品质越差。含有大量髓质层的羊毛，性脆易断，卷曲少，干瘪的称为死毛。有些羊毛中有不连续的毛髓，一根纤维上同时有细毛和粗毛的特性，这样的羊毛称为两型毛。

第二节 羊毛纤维类型和种类

羊毛纤维类型和羊毛种类是不同的两个概念，羊毛纤维的类型是指单根纤维而言，而羊毛的种类则是指羊毛的集合体。尽管如此，两者又有着极为密切的关系。因为羊毛集合体组成的最基本单位是羊毛的单根纤维。

一、纤维类型

根据羊毛纤维的形态学特征、组织学构造、纤维细度以及工艺价值等将羊毛纤维分成以下三个类型：有髓毛、无髓毛和两型毛。

（一）有髓毛

有髓毛可分为正常有髓毛、干毛、死毛和刺毛四种。干毛和死毛都是正常有髓毛的变态毛，又称发毛或刚毛，是一种粗、长而无弯曲或少弯曲的毛纤维。细度范围变异较大，一般在 40 ~ 120 pm 之间。组织学结构由三层组成，即鳞片层、皮质层和髓质层。鳞片为非环状鳞片，紧贴在毛干上。因此，有髓毛光泽较好，髓质层为连续状，其髓腔的大小，往往是随着毛纤维直径的变粗而增大的。

有髓毛的手感比较粗糙，缺乏柔软性。它在整个被毛中的含量及其细度，是评价粗毛品质好坏的重要指标之一。有髓毛的羊毛一般只能用于制造粗纺纺织品、毛毯、地毯和毡制品等。

1. **干毛** 羊毛在生长过程中，由于纤维上半部受雨水侵袭，以及风吹、日晒、气候过于干燥等外界因素的影响，失去油汗，引起细胞内物质及细胞间的联系发生变化，使纤维变硬易断，毛质干枯，成为干毛。这是有髓毛的一种变态，其组织学构造与正常有髓毛相同。外形特点是纤维上端粗硬、较脆，缺乏光泽，羊毛纤维干枯。干毛多见于毛的上端，整个毛纤维变干的情况少见。其工艺价值很低，被毛中存在的干毛越多，羊毛品质越差，是毛纺工业上的疵毛。

2. 死毛　其特点是粗、短、硬、脆、无规则弯曲，而且呈灰白色的纤维。细度为 60～140 pm，有的可达 200 pm。这种纤维易于折断，少光泽，不能染色。组织学构造的特点是髓层特别发达，皮质层极少，横切面常呈扁的不规则形。死毛完全丧失了纺织纤维所应当具有的主要性能特征，因此含有死毛的羊毛，品质会大大降低。死毛产生的原因和机理至今尚不能得出正确的结论。完善的育种工作是减少和消除死毛的有效途径。

3. 刺毛　亦称覆盖毛。着生于羊面部和四肢下部，有时羊尾端也有。其特点是粗、短、硬，微呈弓形，无纺织利用价值。组织学构造分三层，髓质层为连续状。鳞片小而紧贴毛干，为非环形鳞片。纤维表面光滑，因而光泽较亮。长度为 1.5 cm 左右。刺毛毛根在皮肤内呈倾斜状生长，所以它在皮肤上形成了与其他类型纤维不同的毛层。由于刺毛短，加之着生部位特殊，剪毛时一般不剪。

（二）无髓毛

亦称绒毛。在混型粗毛中，它存在于被毛的底层，又称内层毛或底绒。细毛羊的被毛基本上由无髓毛组成。从表面看，无髓毛一般细、短、弯曲多而且整齐。其细度在 30 μm 以下，长度在 5～15 cm 之间。无髓毛的组织学结构，由鳞片层和皮质层组成。鳞片为环状，排列紧密，边缘翘起程度大，纤维表面不光滑。纤维除鳞片外，全部被皮质层所充满。其横切面形状呈圆形或接近圆形。具有良好的纺织性能，所以无髓毛是最有价值的纺织原料。无髓毛对于粗毛羊来说具有保护性能，它在寒冷的季节可以防止体温散失，在春暖时自然脱落，在秋冬季节又重新生长。

（三）两型毛

两型毛也称中间型毛，其细度、长度以及其他工艺价值介于无髓毛和有髓毛之间。一般为 30～50 μm。毛纤维较长。两型毛也由鳞片层、皮质层和髓质层构成，但髓质较细，多呈点状或断丝状，或一部分有髓、一部分无髓，其鳞片排列及形状介于有髓毛与无髓毛之间。在工艺价值上，两型毛要比有髓毛好得多，两型毛比例大的羊毛，是制造提花毛毯和一般毛毯、长毛绒、地毯等纺织品的优原料。

二、种类

羊毛种类是以羊毛纤维集合体的毛被或套毛而言的。根据组成羊毛集合体的成分，分属于不同种类。羊毛集合体一般是由单根纤维组成，也有的羊毛种类是由同一种羊毛纤维类型组成或由不同纤维类型所组成。

所有的羊毛集合体。按其组成的纤维类型成分，可分为同质毛和异质毛。

（一）同质毛

亦称同型毛，是指一个套毛上的各个毛丛，由一种纤维类型组成，毛丛内部毛纤维的粗细、长短趋于一致的羊毛。细毛羊品种、半细毛羊品种及其高代杂种羊的羊毛都属于这一类。同质毛根据其细度的不同又分为细毛和半细毛两种。

1.**细毛** 指品质支数在 60 支以上，毛纤维平均直径在 25.0 μm 以下的同质毛。一般由同一类型的无髓毛组成。从毛丛外部观察，并与其他羊毛比较，细毛较短，单位长度上弯曲较多、整齐而明显，油汗较多，长短一致。细毛主要来源于细毛羊种及其与粗毛羊杂交的高代杂种羊的被毛。细毛是毛纺工业中的优良原料，可织制华达呢、凡立丁等高级精纺制品。

2.**半细毛** 指品质支数在 32 ～ 58 支，毛纤维平均直径在 25.1 ～ 67.0 μm 的同质羊毛。半细毛一般较细毛长，弯曲稍浅，但整齐而明显，油汗较细毛少。在工艺性能方面与细毛相似，其主要用来制作毛线、毛毯、呢绒、工业用呢和工业用毡等。此外，在化工和轮胎制造等方面也有广泛的用途。半细毛主要来源于半细毛羊，以及细毛羊、半细毛羊与土种粗毛羊杂交的杂种羊。

半细毛这个名词来源于苏联，现在主要养羊业发达国家、国际羊毛市场都已不再使用。为了和国际市场接轨，建议国家业务主管部门及时组织相关单位、专家认真研究和解决这一问题。

（二）异质毛

亦称混型毛，是指一个套毛上的各个毛丛，由两种以上不同的纤维类型(主要由无髓毛和有髓毛，也包括两型毛或干毛和死毛)的毛纤维所组成的羊毛。由于由不同纤维类型毛纤维所组成，其毛纤维的细度和长度不一致，弯曲和其他特征也显著不同，多呈毛辫结构。粗毛羊的羊毛皆为异质毛。

粗毛是指从粗毛羊身上剪取的羊毛，属异质毛，由几种纤维类型的毛纤维混合组成。底层为无髓毛（亦称绒毛），上层为两型毛和有髓毛，也有的混有干毛和死毛。粗毛羊品种生产这种羊毛，细毛羊品种和半细毛品种与粗毛羊杂交的一二代杂种羊也产生粗毛。粗毛这一概念并不是说明羊毛都是粗的，而是说明异质性。组成粗毛的各种纤维类型的比例，随着羊的品种、性别、类型、年龄、个体特性以及被毛的季节性变化相差很大。

在工艺性能方面，粗毛比细毛和半细毛差。其品质决定于各种纤维类型的比例以及这些纤维的细度、长度、光泽和其他特性。一般来讲，粗毛是制作地毯的好原料，我国藏羊毛纤维长、两型毛比例大、弹性大，是国际市场上著名的地毯毛。新疆的和田羊，其两型毛比例较大，干毛、死毛很少，光泽和弹性好，当地制成的和田地毯是经济价值很高的出口物资。

第三节　羊毛初加工

羊毛剪下后，其纤维除了细度、长度、匀度、强度和伸度等特性不同外，原毛中还含有一定量的油汗、沙土、植物和其他杂质，如皮屑等。因此，必须经过初加工才能送往毛纺厂。初加工包括羊毛的分等分级、开毛去土、洗毛、烘毛、去草和打包等。

在羊生产中，主要进行羊毛的分等分级、初步去土和初步打包等工作。而洗毛、烘毛、去草、二次打包等则在毛纺厂进行。

一、套毛除边整理

（一）概念
从羊体上剪下的整个毛套中，除去头、腿、尾毛和边肷毛、腹毛、疵点毛外，单独分等包装，并对套毛进行分类整理，称套毛除边整理。边肷毛是指套毛周边与正身有明显品质差异的羊毛。边肷毛、腹毛和疵点毛，其长度、细度、油汗以及品质特征与正身毛均有较大差异，如果混在毛套中就会影响整体质量。

国外（如澳大利亚、新西兰）在羊毛出售前的分级整理过程中都要进行除边整理，以提高整体的质量。国内《绵羊毛》标准中也引入了套毛除边整理的内容，以保证羊毛质量。这种做法能在短期内有效提高羊毛质量，以满足纺织用毛的需要，并能做到优毛优价优用。

（二）套毛分类原则
应根据品质支数、净毛率的均匀性、长度、强度、品质的整齐度加以分档。

以下套毛应予以分出：

品质支数——用肉眼看起来差别大于两档相邻品质支数的套毛。

净毛率——在净毛率或油汗方面有显著差别的。

长度——比起整体来特别短的或特别长的。

强度弱节毛。

另行处理——变色毛（洗不掉的）；毡片毛；犬毛状毛；感染疥癣或腐烂病的。

背部毛——风化的或含尘土特别多的毛。

植物性疵点——植物质碎屑集中的毛；草刺集中的毛。

其他——黑花毛；灰毛。

（三）除边深度

套毛进行除边整理时，除边不够，主体毛在细度、长度以及油汗各项指标上都很难达到标准的技术规定；而除边过量，会将正身毛误作边肷毛，造成羊毛资源浪费，同时也会损害养羊农牧民的利益。

1992 年，甘肃、云南、青海、辽宁、新疆进行了套毛除边程度及等级符合率试验，测试结果见表 6-1。

表 6-1　套毛除边程度及等级符合率试验测试结果

省区	主体毛		边肷毛		除边后套毛符合标准技术规定的重量比例（%）
	重量（g）	占总体比例（%）	重量（g）	占总体比例（%）	
甘肃	49 234	89.90	5 517	10.10	78
云南	87 770	91.50	8 153	8.50	≥ 80
青海	189 391	97.56	4 742	2.44	≥ 70
辽宁	81 545	88.73	10 355	11.27	≥ 70
新疆		86.56		13.44	75

（四）套毛分等

套毛经除边后按长度分等。特等毛须有 70%（按质量计），其中羊毛、细羊毛长度不得短于 60 mm，半细羊毛长度不得短于 70 mm；一等细羊毛须有 70% 及以上，其余的羊毛长度细羊毛不得短于 40 mm（其中 40～50 mm 的羊毛不得多于 10%），半细羊毛不得短于 60 mm（其中 60～70 mm 的羊毛不得多于 10%）；二等毛须有 80% 及以上，其余：细羊毛不得短于 30 mm，半细羊毛不得短于 50 mm。

改良羊毛粗腔毛、干毛、死毛含量大于 5% 或毛丛长度小于 40 mm，而又具有改良毛形态者按等外处理，单独包装。

二、羊毛的分类、分等和分级

国产羊毛品类复杂，质量规程参差不齐，为适应市场销售及工业加工生产的需要，必须把各种羊毛根据不同的要求，做好分门别类。

（一）羊毛分类

分类是按照羊毛的特征和物理特性将其加以区分。一般按照绵羊毛的不同纤维类型含量、剪毛季节、加工方法、品质等来区分羊毛的方法，称为羊毛的分类。通常有以下几种分类方法：

（1）按羊毛产地分类

分为西宁毛、新疆毛和华北毛。

（2）按绵羊品种分类

我国绵羊毛种类繁多，为了指导牧业生产，便于商业交接和工业利用，根据产区羊种特点和羊毛的品质特征，我国目前实行的《绵羊毛》（GB/T 1523—93）将绵羊毛按绵羊品种分为以下四类。

①细羊毛指品质支数在 60 支及以上、毛纤维平均直径在 25.0 μm 及以下的同质毛。细毛羊品种羊所产的羊毛属此类。

②半细羊毛指品质支数在 36～58 支、毛纤维平均直径在 25.1～55.0 μm 的同质毛。来自半细毛品种羊所产的羊毛。

③改良羊毛指从改良过程中的杂交羊（包括细毛羊的杂交改良羊和半细毛羊的杂交改良羊）身上剪下的未达到同质标准的羊毛。

④土种羊毛原始品种和优良地方品种绵羊所产的羊毛，属异质毛。这种羊毛按生产羊毛的羊种可分为土种毛和优质土种毛。土种毛是指未经改良的原始品种绵羊所产的羊毛；优质土种羊是指经国家有关部门确定不进行改良而保留的优良地方品种所产的羊毛。

（3）按剪毛季节分类

①春毛　春季剪取的羊毛。我国北方只有土种羊在春、秋两次剪毛。对这种羊来说，春季剪的毛为春毛。土种羊的春毛底绒多，毛质较好。同质毛羊仅在春季剪毛，如细毛羊、半细毛羊，都须生长 12 个月才能剪毛，但不称为春毛。

②秋毛　北方牧区土种羊和南方农区养羊有两次剪毛的习惯。秋毛在羊体身上只生长 45 个月，毛较短，毛丛中绒毛少而松散、质量较差。

③伏毛　在酷夏时期所剪的毛，毛短。我国南方个别地方仍有剪伏毛的习惯。

4.按毛纺产品用料的分类

①精梳毛 用于生产精梳毛纺产品的羊毛。要求同质，纤维细长，弯曲整齐，物理性能好。

②粗梳毛 用于生产粗梳毛纺产品的羊毛，如呢线、毛毯等。粗纺产品种类较多。用料要求从优到次。

③毛毡 用毛短而粗的异质羊毛，可以制毡。

（二）羊毛分等

羊毛分等是在羊毛分类的基础上进行的。根据羊毛标准，按套毛品质对套毛划分等级的工作，称为羊毛分等。我国的羊毛分等方法在羊毛标准 GB/T 1523《绵羊毛》中有规定。

在养羊业发达的国家，羊毛产地的初步工作是按整个被毛品质进行羊毛分等的。通常，他们把不同品质和不同品种的羊分群放牧，剪毛时则把相同品种和相同品质的羊群集中到一起进行剪毛，然后根据被毛品质进行分等，按等包装，运往羊毛市场出售，这即为羊毛的分等。

羊毛分等应根据国家羊毛标准规定的技术条件进行。主要用于市场上工牧、工商间交接验收，所以又称为商业分等。

国产羊毛的分等目前主要有两种形式：

（1）在土种羊毛采购标准基础上的分等。

（2）根据国家颁布的 GB/T 1523《绵羊毛》标准中的分等分支标准，对细羊毛和半细羊毛按细度、长度、油汗、粗腔毛干死毛含量（占根数%）四项考核指标分等。改良羊毛按长度和粗腔毛干死毛含量（占根数%）两项考核指标分等。

（三）羊毛分级

毛纺厂从羊毛产地或交接点购进羊毛，在工厂的选毛车间进行分选。每一个套毛的羊毛，因部位不同，它们的品质也不相同。根据羊毛工业分级标准，对套毛不同部位的品质进行细致的分选工作，并把相同品质的羊毛集中起来，以便加工利用，这就是羊毛分级。

国产绵羊毛在工业分级上没有国家标准，所有相关企业均执行原纺织工业部颁布的标准，即 F 417《国产细羊毛及改良毛工业分级》。在此标准中，根据物理指标和外观形态将细毛及改良毛分为支数毛和级数毛。

（1）支数毛

（2）级数毛

属同质毛，按细度分为 70 支、66 支、64 支和 60 支，属基本同质毛和异质毛。按含粗腔毛率分一级、二级、三级、四级甲、四级乙和五级。

三、羊毛包装

经过分等分级的羊毛必须按照不同产地、不同品种、不同等级及相应支数分别打成紧压包。打包时，要尽量保持套毛的基本形态。毛包外观应整齐，每包原毛重 80 ~ 100 kg。包装采用麻布或其他不易破碎的材料，用铁丝或打包编织带捆扎不少于 5 道。

散毛以及边肷毛按其细度、长度、油汗、外观特性确定相应等级，单独包装。

改良黑花毛，不分颜色深浅、不分等级，单独包装。

单根花毛（白花毛），单独包装。

头、腿、尾毛及其他有使用价值的疵点毛均需分别单独包装，不得混入等级毛内。沥青毛、油漆毛必须拣出，严禁混入羊毛内。细羊毛、半细羊毛毛丛中段不允许有弱节。

包装后，在毛包一端用刻好的镂花板刷上不易褪色的深色标志。标志内容有：产地、类别、长度、细度（支）、批号、包号、包重、交货单位和成包日期（年、月）。

毛包刷上标志后，按相同批号、品种的羊毛堆码成垛。羊毛堆放必须注意防潮、防霉变、防虫蛀。运载时，必须按不同批号、产地、品种等级，分清装运。

第七章
种羊的遗传育种改良与鉴定方法

第一节　种羊育种方法及档案管理

一、育种方法

（一）品系繁育法

品系是品种内具有共同特点，彼此间有亲缘关系的个体组成的遗传性稳定的群体，是品种内部的结构单位。一个品种内品系越多遗传基础就越丰富，通过品系繁育品种整体质量就会不断得到提高。

在一个肉用绵羊品种内，需要同时提高几个性状（如日增重、屠宰率、胴体品质和繁殖力等），但同时选择时又由于考虑的性状过多，每个性状的遗传进展就很微小；如果将群体中有不同优点的个体分别组合起来，形成品种内小群体（品系），在各个品系内进行选育，有重点地将这些特点加以巩固提高，然后再将不同品系进行杂交，便可快速地提高整个品种的质量。所以，品系繁育是现代家畜育种中的一种高级育种技术。

品系繁育大致可分为以下三个阶段：

（1）组建品系基础群

根据育种的目的，选择品种内符合选择要求的个体，组建成品系繁育基础羊群，组建品系时，可按两种方式进行：

第一种是按表型特征组群。这种方法简便易行，不考虑个体间的血缘关系，只要将具有符合品系要求的个体组成群体即可。在育种和生产实践中，对于有中高度遗传力的性状，多数采用这种方法建立品系。

第二种方法是按血缘关系组群。对选中的个体逐一清查系谱，将有一定血缘关系的个体按拟建品系的要求组群。这种品系对于遗传力低的性状，如繁殖力、肉品质特性等有较好效果。

（2）闭锁繁育阶段

品系基础群组建后，必须用选中的系内公羊（又叫系祖）和母羊进行"品系内繁育"，或者说将品系群体"封闭"起来进行繁育，通常进行同质选配，在这个阶段应注意以下几方面的问题：

①按血缘关系组建品系的封闭繁育，应尽量利用遗传稳定的优秀公羊作系祖，同时注意选择和培育具有该系系祖特点的后代，作为系祖的接班羊。按表型特征组建成的品系，早期应对所有公羊进行后裔测验，发现和培育优秀系祖，系祖一经确定，就要尽量扩大它的利用率。

优秀系祖的选定和利用，往往是品系繁育能否成功的关键，但是品系也不是系祖的简单复制。

②及时淘汰不符合品系要求的个体，始终保持品系的同一性。

③封闭繁育到一定阶段，品系内必然出现近亲繁殖现象，特别是按血缘组建的品系，一开始实行的就是近交。因此，有计划地控制近交是十分必要的。

开始阶段可采用"父～女，母～子"等嫡亲交配，逐代疏远，最后将近交系数控制在 20% 左右。

④如受条件所限，采用随机交配方法时，可通过控制公羊数量来掌握近交程度。用下面这个公式可估计每个世代近交系数（Φ）的增量（%）。

$\Delta F = 1/8N$；　$\Phi = X\Delta F$（%）

式中 ΔF 表示每个世代近交增量，N 表示随机交配群体中的公羊数，Φ 表示每个世代羊群的近交系数，X 表示繁殖代数。

例如，一个封闭羊群中连续 3 代没有引进过别的公羊，始终只用 2 只公羊，假定该羊群中开始时的近交系数为 0，则现在该羊群的近交系数就是：

$\Phi = X\Delta F = 3 \times \Delta F = 3 \times（1/8N）= 3 \times \{1/（8 \times 2）\} = 18.75\%$

（3）品系间杂交阶段

当各品系繁育到一定程度，所需的优良性状、遗传特性达到一定程度并稳定后，便可将各品系优点集合起来开展品系间杂交，以此来提高品种的整体品质。

但是，在进行品系间杂交后，还需要根据羊群中出现的新特点和育种的要求创建新的品系，再进行品系繁育，不断提高品种水平，最后达到预期效果。

（二）引进优良基因法

品系繁育是利用品种本身固有的遗传资源，提高品种质量的方法。但是，当品系繁育中出现不可克服的缺陷时，例如近交造成的生活力下降，或经过长期的纯种繁育生产性能没有明显改进，或整体生产性能虽达到一定水平，但性状间的选择差变小，遗传资源已比较贫乏，或者由于市场需求改变，现有品种的生产性能已无法适应时，均可考虑引进新的遗传基因资源以弥补其不足，从而提高品种质量。

从外部引进遗传资源或优良基因时，应首先对现有品种的特点进行细致分析，确定哪些是应当保留的性状，哪些是需要改进和提高的性状，然后引进具有所需优良特性的品种公羊与原品种母羊杂交。

（三）防止近交衰退

在羊的纯种繁育过程中，特别是进行品系繁育时，近亲交配是必然的，近交在加快优良基因型纯合的同时，也会带来一些不利的副作用，出现近交衰退，一些性状平均表型值下降，后代适应性逐渐降低，严重时还会使繁殖力和生活力受到较大影响。

为了防止近交衰退，原则上应尽量避免盲目近亲交配，在必须使用近亲交配时应加强近交个体体质健康状况的选择，增加公羊头数控制每个世代的近交增量，同时加强近交群体的饲养管理。一旦发现体质纤弱，生活力衰退，生长发育不良，有缺陷，生产性能下降的个体应及时淘汰。

不同亲缘关系的个体交配时的近交系数见表7-1。

表7-1　不同亲缘关系的个体交配时的近交系数

近交程因	近交类型	近交系数	近交程度	近交类型	近交系数
嫡亲	亲～子	25.0	近亲	堂兄妹	6.25
	全同胞	25.0		半叔侄	6.25
	半同胞	12.5		曾祖孙	6.25
	祖～孙	12.5		半堂兄妹	3.13
	叔～侄	12.5		半堂祖孙	3.13
中亲	半堂叔侄	1.56	远亲	远堂兄妹	0.78
	半堂曾祖孙	1.56		其他	0.78

二、育种资料建立与管理

育种资料是羊群的重要档案，也是种羊场了解羊群生产性能和确定培育方向的重要依据。育种资料包括生长发育记录卡片、个体鉴定记录卡片、配种产羔记录卡片和种羊卡片等。

种羊卡片属于种羊的个体档案，包括种羊本身的生长发育记录、生产性能鉴定结果、系谱、配种产羔记录和后裔生产性能鉴定结果等。

第二节　种羊选育方案的制定

本标准规定了种羊的选育方向、核心群组建、生产性能测定、遗传评估、选种选配、更新与淘汰以及保障措施。

一、选育目标

科学合理的选育目标是实施有效育种的基础。种羊场要根据市场需求，并结合现有种羊群生产水平等确定选育目标，以取得最大经济效益为选育最终目的，同时在实施过程中应根据市场及生产经营方式变化适时优化选育目标。在实际育种中，选育目标以选育性状来衡量，主要包括生长发育性状、胴体品质性状、肉质性状、繁殖性状等，应选择既符合市场需求，又可以度量测定的性状作为育种目标性状，例如，根据场内育种实际，可以将产羔数、6月龄体质量等作为目标选育性状。目标选育性状确定后，以年度为基准，细化以后每年或每阶段将要达到的选育目标水平，同时，明确种羊场每年或每阶段核心群、基础群、培育种羊和向社会供种等数量。

二、核心群组建

核心群是根据相应的选种标准选出的优秀群体，是育种的核心，核心群的质量直接决定着整个繁育体系的遗传进展和种羊场的经济效益。选育方案应明确核心群来源和组建方法。对于引种群体需在本场进行驯化饲养和扩繁，依据种羊群的系谱资料、繁殖性能测定、生产性能测定以及体型外貌评定等情况，参照品种标准，选出繁殖性能高、生长发育快、无遗传缺陷、体型外貌符合本品种特征的个体组建核心群，核心群组建的血统数以及公羊、母羊数量根据各省种羊场验收标准执行。对于本场群体，每年根据生产性能测定成绩和遗传评估结果，结合外貌评定情况，选留一定比例的优秀种公羊和种母羊用于核心群更新，其余进入扩繁群或生产群，对于扩繁群中特别优秀的个体也可以补充到核心群，以确保核心群始终维持在一定数量，同时要考虑公母羊间的亲缘系数，避免群体近交。

（一）基础羊群的条件

1. 选择的基础　羊群应具有明显的品种特征、特性及达到选育目标的遗传基础。母本品种着重其繁殖性能,父本品种以生长育肥性能和胴体品质为主。

2. **选育基础** 羊群的个体体质健壮、血统清楚、血缘数量符合选育方案要求,选育中及时排除遗传疾患。

(二)选育羊群的建立

1. 参加选育羊群的数量应根据选育方案、选择强度和实施条件来确定,选育群母羊一般不少于 200 只。

2. 终端杂交羊群一般应按公母比 1 : 25 组成。

3. 测定选育群主要经济性状的水平与潜力,建立质量形状杂交和数量形状综合育种值的测定制度。

4. 选育羊群的营养水平与饲养管理条件应相对稳定。

(三)种羊和培育羊选择

1. **初生窝选** 根据父母代、出生时间、初生重、同胞数、出生窝重及公母羔羊比例等进行初生个体筛选。

2. **断奶时选择** 根据个体生长发育、体质外貌、有无遗传疾患和父母等级等,进行综合评定。

3. **6 月龄选择** 根据个体的生长发育、体质外貌进行选择,亦可按综合选择指数法选择。

4. **12 月龄选择(初配年龄选择)** 按三元杂交肉用种羊生产配套系标准,公、母羊初配月龄的选择应根据其生长发育、配种效果、繁殖、哺育成绩和仔代生长性能进行选择。

(四)资料记录

日常生产记录包括耳号、出生年月、初生窝重、断奶重、6 月龄重和 12 月龄重,以及对应的体尺指标(体高、体长和胸围)。

三、生产性能测定

生产性能测定是遗传评估的基础,是种羊选育取得成功的保证,选育方案应明确性能测定的时间、性状、方法。建立场内测定和集中测定相结合、以场内测定为主的测定体系,安排专人负责对场内种羊进行定期的性能测定。配备背膘测定仪、卷尺、测仗等必备测定设备,有条件时可以配备多功能称重设备、计算机辅助精子分析仪等现代化测定设备,按照《绵、山羊生产性能测定规范》(NY/T 1236—2006)、全国畜牧总站印发的《肉羊性能测定技术规范(试行)》相关要求,结合场内实际,开展初生体质量、断奶体质量、

6月龄体质量、周岁体质量、活体背膘厚、眼肌面积等生长发育性能测定、生长和繁殖相关基因型分析等。同时，认真做好记录，及时将测定数据输入计算机管理系统，为种羊遗传评估做好充分准备。

四、遗传评估

遗传评估是选择优秀种羊的重要依据，也是开展种羊选种选配的基础，没有遗传评估就谈不上育种，群体就难以获得持续遗传进展。选育方案存在问题比较多就是缺乏遗传评估相关内容，种羊选种选育难以有效开展。制定选育方案要明确遗传评估模型、遗传评估性状、遗传评估方法等内容。用于种羊遗传评估的方法较多，可以根据场内实际，结合区域或全国种羊遗传改良计划要求，确定遗传评估的模型和采用的性状。根据当前种羊遗传评估研究现状，建议采用多性状动物模型最佳线性无偏预测（BLUP）法来估计个体育种值，对种羊开展遗传评估。为提高育种效率，可以考虑使用商业化的带有遗传评估功能的种羊育种软件，对测定个体进行遗传评估，同时，采用的育种软件要与全国种羊遗传评估中心或区域性种羊遗传评估中心使用的软件实现数据对接，便于实现区域遗传评估乃至全国遗传评估，进而推动联合育种。

五、选种选配

选种与选配是实现种羊遗传改良和选育提高的两个基本途径。选育方案应明确种羊选种的时期、标准以及选配的原则。选种应贯穿整个发育过程，根据选育目标确定选择时期和选择内容，可以在出生、断奶、6月龄、12月龄、初配阶段等分别进行选择，具体选择标准参考相应的羊品种标准，重点关注遗传缺陷、品种特征、生长发育、繁殖性能等内容，在6月龄和12月龄阶段选择应以遗传评估结果和体型外貌为依据，进行综合选择。对入选的后备群制定选配计划，原则上核心群以同质选配为主，即选择性能优秀的公羊与性能优秀的母羊配种，并尽可能地增加优秀种公羊的配种频率，同时，应考虑血统情况，控制近交系数，保证每个血统有一定的群体数量后代，当血统性能明显降低时，通过适度引种或基因交换及时更新血缘，确保种羊群体性能良好。

六、更新与淘汰

种羊更新与淘汰是选育方案的重要内容。选育方案应明确种羊更新比例和淘汰标准。对种羊群实行动态管理，优胜劣汰，更新与淘汰贯穿整个选种过程。根据选择指数定期对所有测定个体和在群育种群个体进行排队，结合选择指数和外貌评定结果进行选留和淘汰，只要新测定后备羊的性能或选择指数优于现有群体，就进行补充更新，尽量缩短世代间隔和加速遗传改良进展，核心群年更新率不低于50%，以保证核心群的质量和数量。根据性欲、精液质量、肢蹄、生殖器官、健康状况等适时淘汰核心群公羊，及时淘汰连续产弱羔、死羔、久配不孕、空怀、流产或长期不发情的母羊等。

七、保障措施

落实育种保障措施是推动种羊选育方案有效执行的重要内容，选育方案要明确建立育种组织机构，落实育种工作经费，制定育种管理制度等内容。种羊选育涉及育种、兽医、饲养管理、销售等多个部门，为确保工作顺利实施，公司层面应成立育种部和育种领导小组，配备专业育种技术团队，专职负责育种工作，同时，聘请行业育种专家作为种羊选育技术顾问，指导选育方案制定和育种工作。落实档案卡制定、数据处理、育种设施投资、人员开支等育种工作经费。健全完善育种管理制度是推进种羊规范化、科学化选育的重要保证，应建立种羊测定制度、育种记录档案管理制度、育种培训制度、育种生产管理制度、核心群留种淘汰制度等，以制度推进种羊选育工作有效开展。

第三节 种羊分类、分阶段饲养管理规程

一、种公羊的饲养管理

种公羊是发展养羊生产的重要生产资料，对羊群的生产水平、产品品质都有着重要的影响。在现代养羊业中，人工授精技术得到了广泛的应用，需要的种公羊不多，因而对种公羊品质的要求越来越高。养好种公羊是使其优良遗传特性得以充分发挥的关键。

种公羊的饲养应常年保持结实健壮的体质，达到中等以上膘情，并具有旺盛的性欲、优质的精液和耐久的配种能力，要达到这样的目的，必须做到：

第一，应保证饲料的多样性，精粗饲料合理搭配，尽可能保证青绿多汁饲料全年较均衡地供给；在枯草期，要准备较充足的青贮饲料；同时，要注意矿物质、维生素的补充。

第二，日粮应保持较高的能量和粗蛋白水平，即使在非配种期内，种公羊也不能单一饲喂粗料或青绿多汁饲料，必须补饲一定的混合精料。

第三，种公羊必须有适度的放牧和运动时间，这一点对非配种期种公羊的饲养尤为重要，以免因过肥而影响配种能力。

（一）种公羊非配种期的饲养管理

种公羊在非配种期的饲养以恢复和保持其良好的种用体况为目的。配种结束后，种公羊的体况都有不同程度的下降，为使体况很快恢复，在配种刚结束的 1～2 个月内，种公羊的日粮应与配种期基本一致，但对日粮的组成可作适当调整，增加优质青干草或青绿多汁饲料的比例，并根据体况的恢复情况，逐渐转为饲喂非配种期的日粮。

冬季，种公羊的饲养要保持较高的营养水平，既有利于体况恢复，又能保证其安全越冬度春。做到精粗料合理搭配，补饲适量青绿多汁饲料（或青贮料），在精料中补充一定数量的微量元素。混合精料的用量不低于 0.5 kg，优质干草 2～3 kg。

春、夏季，种公羊以放牧为主，每日补饲少量的混合精料和干草。

（二）种公羊配种期的饲养管理

种公羊在配种期内要消耗大量的养分和体力，因配种任务或采精次数不同，个体之间对营养的需要量相差很大。对配种任务繁重的优秀种公羊，每天应补饲 1.0～2.0 kg 的混合精料，并在日粮中增加部分动物性蛋白质饲料（如鸡蛋、鱼粉、血粉、肉骨粉等），以保持其良好的精液品质。

配种期种公羊的饲养管理要做到认真、细致，要经常观察羊的采食、饮水、运动及粪、尿排泄等情况。保持饲料、饮水的清洁卫生，如有剩料应及时清除，减少饲料的污染和浪费。青草或干草要放入草架饲喂。

配种前 1.5～2 个月，逐渐调整种公羊的日粮，增加混合精料的比例，同时进行采精训练和精液品质检查。开始时每周采精检查一次，以后增至每周两次，并根据种公羊的体况和精液品质来调节日粮或增加运动。对精液稀薄的种公羊，应增加日粮中蛋白质饲料的比例，当精子活力差时，应加强种公羊的放牧和运动。

种公羊的采精次数要根据羊的年龄、体况和种用价值来确定。对 1.5 岁左右的种公羊每天采精 1～2 次为宜，不要连续采精；成年公羊每天可采精 3～4 次，每次采精应有 1～2 h 的间隔时间；采精较频繁时，应保证种公羊每周有 1～2 d 的休息时间，以免因过度消耗养分和体力而造成体况明显下降。

（三）种公羊的饲养标准

表 7-2 种公羊的饲养标准

	体重（kg）	风干饲料（kg）	消化能（MJ）	可消化粗蛋白（g）	钙（g）	磷（g）	食盐（g）	胡萝卜素（mg）
非配种期	70	1.8～2.1	16.7～20.5	110～140	5.0～6.0	2.5～3.0	10～15	15～20
	80	1.9～2.2	18.0～21.8	120～150	6.0～7.0	3.0～4.0	10～15	15～20
	90	2.0～2.4	19.2～23.0	130～160	7.0～8.0	4.0～5.0	10～15	15～20
	100	2.1～2.5	20.5～25.1	140～170	8.0～9.0	5.0～6.0	10～15	15～20
配种期	70	2.4～2.8	25.9～31.0	260～370	13.0～14.0	9.0～10.0	15～20	30～40
	80	2.6～3.0	28.5～33.5	280～380	14.0～15.0	10.0～11.0	15～20	30～40
	90	2.7～3.1	29.7～34.7	290～390	15.0～16.0	11.0～12.0	15～20	30～40
	100	2.8～3.2	31.0～36.0	310～400	16.0～17.0	12.0～13.0	15～20	30～40
备注								

二、种母羊的饲养管理

母羊是羊群发展的基础。母羊数量多，个体差异大。为保证母羊正常发情、受胎，实现多胎、多产，羔羊全活、全壮，母羊的饲养不仅要根据群体营养状况来合理调整日粮，还要对少数体况较差的母羊单独组群饲养，对妊娠母羊和带仔母羊，要着重搞好妊娠后期和哺乳前期的饲养和管理。

（一）种母羊空怀和妊娠前期的饲养管理

羊的配种繁殖因地区及气候条件的不同而有很大的差异，北方牧区，羊的配种集中在 9～11 月份；母羊经过春、夏两季放牧饲养，体况恢复较好，对体况较差的母羊，可在配种开始前 1～1.5 个月进行抓膘。对少数体况很差的母羊，每天可单独补饲 0.3～0.5 kg 混合精料，使其在配种期内正常发情、受胎。

母羊配种受胎后的前 3 个月内，对能量、粗蛋白的要求与空怀期相似，但应补饲一定的优质蛋白质饲料，以满足胎儿生长发育和组织器官分化对营养物质（尤其是蛋白质）的需要。初配母羊的营养水平应略高于成年母羊，日粮的精料比例为 5%～10%。

（二）种母羊妊娠后期的饲养管理

妊娠后期胎儿的增重明显加快，母羊自身也需贮备大量的养分，为产后泌乳做准备。妊娠后期母羊腹腔容积有限，对饲料干物质的采食量相对减小，饲料体积过大或水分含量过高均不能满足母羊的营养需要。因此，要搞好妊娠后期母羊的饲养，除提高日粮的营养水平外，还必须考虑组成日粮的饲料种类，增加精料的比例。

在妊娠前期的基础上，能量和可消化蛋白质分别提高 20% ～ 30% 和 40% ～ 60%，钙、磷增加 1 ～ 2 倍（钙、磷比例为 2 ～ 2.5 ：1）。产前 8 周，日粮的精料比例提高到 20%，产前 6 周为 25% ～ 30%，而在产前 1 周，要适当减少精料用量，以免胎儿体重过大而造成难产。

妊娠后期母羊的管理要细心、周到，在进出圈舍及放牧时，要控制羊群，避免拥挤或急驱猛赶；补饲、饮水时要防止拥挤和滑倒，否则易造成流产。除遇暴风雪天气外，母羊的补饲和饮水均可在运动场内进行，增加母羊户外活动的时间，干草或鲜草用草架投喂。产前 1 周左右，夜间应将母羊放于待产圈中饲养和护理。

（三）种母羊哺乳前期的饲养管理

母羊产羔后泌乳量逐渐上升，在 4 ～ 6 周内达到泌乳高峰，10 周后逐渐下降；随着泌乳量的增加，母羊需要的养分也应增加，当草料所提供的养分不能满足其需要时，母羊会大量动用体内贮备的养分来弥补，导致泌乳性能好的母羊体况瘦弱。

在哺乳前期（羔羊出生后 2 个月内），母乳是羔羊获取营养的主要来源，为满足羔羊生长发育对养分的需要，保持母羊的高泌乳性是关键，在加强母羊放牧的前提下，应根据带羔的多少和泌乳量的高低，搞好母羊补饲。带单羔的母羊，每天补饲混合精料 0.3 ～ 0.5 kg，带双羔或多羔的母羊，每天应补饲 0.5 ～ 1.0 kg。

对体况较好的母羊，产后 1 ～ 3 d 内可不补饲精料，以免造成消化不良或发生乳腺炎。为调节母羊的消化机能，促进恶露排出，可喂少量轻泻性饲料（如在温水中加入少量麦麸喂羊）。3 d 后逐渐增加精饲料的用量，同时给母羊饲喂一些优质青干草和青绿多汁饲料，可促进母羊的泌乳性能。

（四）种母羊哺乳后期的饲养管理

哺乳后期母羊的泌乳量下降，即使加强母羊的补饲，也不能继续维持其高的泌乳量，单靠母乳已不能满足羔羊的营养需要。此时羔羊也已具备一定的采食和利用植物性饲料的能力，对母乳的依赖程度减小。在泌乳后期应逐渐减少对母羊的补饲，到羔羊断奶后母羊可完全采用放牧饲养，但对体况下降明显的瘦弱母羊，需补饲一定数量的干草和青贮饲料，使母羊在下一个配种期到来时能保持良好的体况。

（五）空怀种用母羊的饲养标准

空怀种用母羊的饲养标准，详见表7-3。

表7-3　空怀种用母羊的饲养标准

月　龄	体重（kg）	风干饲料（kg）	消化能（MJ）	可消化粗蛋白（g）	钙（g）	磷（g）	食盐（g）	胡萝卜素（mg）
4～6	25～30	1.2	10.9～13.4	70～90	3.4～4.0	2.0～3.0	5～8	5～8
6～8	30～36	1.3	12.6～14.6	72～95	4.0～5.2	2.8～3.2	6～9	6～8
8～10	36～42	1.4	14.6～16.7	73～95	4.5～5.5	3.0～3.5	7～10	6～8
10～12	37～45	1.5	14.6～17.2	75～100	5.2～6.0	3.2～3.6	8～11	7～9
12～18	42～50	1.6	14.6～17.2	75～95	5.5～6.5	3.2～3.6	8～11	7～9
备注								

（六）怀孕母羊的饲养标准

怀孕母羊的饲养标准，详见表7-4。

表7-4　怀孕母羊的饲养标准

	体重（kg）	风干饲料（kg）	消化能（MJ）	可消化粗蛋白（g）	钙（g）	磷（g）	食盐（g）	胡萝卜素（mg）
怀孕前期	40	1.6	12.6～15.9	70～80	3.0～4.0	2.0～2.5	8～10	8～10
	50	1.8	14.2～17.6	75～90	3.2～4.5	2.5～3.2	8～10	8～10
	60	2.0	15.9～18.4	80～95	4.0～5.0	3.0～4.0	8～10	8～10
	70	2.2	16.7～19.2	85～100	4.5～5.5	3.8～4.5	8～10	8～10
怀孕后期	40	1.8	15.1～18.8	80～110	6.0～7.0	3.5～4.0	8～10	10～12
	50	2.0	18.4～21.3	90～120	7.0～8.0	4.0～4.5	8～10	10～12
	60	2.2	20.1～21.8	95～130	8.0～9.0	4.0～5.0	9～10	10～12
	70	2.4	21.8～23.4	100～140	8.5～9.5	4.5～5.5	9～10	10～12
备注								

（七）泌乳母羊的饲养标准

泌乳母羊的饲养标准，详见表7-5。

表 7-5　泌乳母羊的饲养标准

	体重（kg）	风干饲料（kg）	消化能（MJ）	可消化粗蛋白（g）	钙（g）	磷（g）	食盐（g）	胡萝卜素（mg）
单羔保证羊日增重200～250 g	40	2.0	18.0～23.4	100～150	7.0～8.0	4.0～5.0	10～12	6～8
	50	2.2	19.2～24.7	110～190	7.5～8.5	4.5～5.5	12～14	8～10
	60	2.4	23.4～25.9	120～200	8.0～9.0	4.6～5.6	13～15	8～12
	70	2.6	24.3～27.2	120～200	8.5～9.5	4.8～5.8	13～15	9～15
双羔保证羊日增重300～400 g	40	2.8	21.8～28.5	150～200	8.0～10.0	5.5～6.0	13～15	8～10
	50	3.0	23.4～29.7	180～220	9.0～11.0	6.0～6.5	14～16	9～12
	60	3.0	24.7～31.0	190～230	9.5～11.5	6.0～7.0	15～17	10～13
	70	3.2	25.9～33.5	200～240	10.0～12.5	6.2～7.5	15～17	12～15
备注								

三、羔羊的饲养管理

哺乳期的羔羊是羊一生中生长发育强度最大而又最难饲养的一个阶段，稍有不慎不仅会影响羊的发育和体质，还会造成羔羊发病率和死亡率增加，给羊生产造成重大损失。

羔羊在哺乳前期主要依赖母乳获取营养，母乳充足时羔羊发育好、增重快、健康活泼。母乳可分为初乳和常乳，母羊产后第一周内分泌的乳叫初乳，以后的则为常乳。初乳浓度大，养分含量高，尤其是含有大量的抗体球蛋白和丰富的矿物质元素，可增强羔羊的抗病力，促进胎粪排泄，因而应保证羔羊在产后 15～30 min 内吃到初乳。

羔羊的早期诱食和补饲，是羔羊培育的一项重要工作。羔羊出生后 7～10 d，在跟随母羊放牧或采食饲料时，会模仿母羊的行为，采食一定的草料。此时，可将豌豆、黄豆等炒熟，粉碎后撒于饲槽内对羔羊进行诱食。初期，每只羔羊每天喂 10～50 g 即可，待羔羊习惯以后逐渐增加补饲量。羔羊补饲应单独进行，当羔羊的采食量达到 100 g 时，可用含粗蛋白 24% 左右的混合精料进行补饲。到哺乳后期，羔羊在白天可单独组群，划出专用草场放牧，并补饲混合精料，优质青干草应投放在草架上任其自由采食。

羔羊的补饲应注意以下几个问题：

（1）尽可能提早补饲。

（2）饲料要多样化、营养好、易消化。

（3）饲喂时要做到少喂勤添，定时、定量、定点。

（4）保证饲槽和饮水的清洁、卫生。

此外，要加强羔羊的管理，羔羊出生时要进行称重；7～15 d 内进行编号、断尾；32 日龄左右对不符合种用要求的公羔进行去势；4 月龄断奶；断奶后1 周按免疫程序搞好防疫注射。

出生后 7 d 以上的羔羊可随母羊就近放牧，增加户外活动的时间。对少数因母羊死亡或缺奶而表现瘦弱的羔羊，要搞好人工哺乳或寄养工作。

四、育成羊的饲养管理

育成羊是指断奶后至第一次配种前这一年龄段的幼龄羊。羔羊断奶后的前 3～4 个月生长发育快，增重强度大，对饲养条件要求较高。通常，公羔的生长比母羔快，因此育成羊应按性别、体重分别组群饲养。8 月龄后羊的生长发育强度逐渐下降，到 1.5 岁时生长基本结束，因此在生产中一般将羊的育成期分为两个阶段，即育成前期（4～8 月龄）和育成后期（8～18 月龄）。

育成前期，尤其是刚断奶不久的羔羊，生长发育快，瘤胃容积有限且机能不完善，对粗料的利用能力较弱。这一阶段饲养的好坏，是影响羊的体格大小、体型和成年后的生产性能的重要阶段，必须引起高度重视，否则会给整个羊群的品质带来不可弥补的损失。育成前期羊的日粮应以精料为主，结合放牧或补饲优质青干草和青绿多汁饲料，日粮的粗纤维含量以 15%～20% 为宜。

育成后期羊的瘤胃消化机能基本完善，可以采食大量的牧草和农作物秸秆。这一阶段，育成羊可以以放牧为主，结合补饲少量的混合精料或优质青干草。粗劣的秸秆不宜用来饲喂育成羊，即使要用，在日粮中的比例也不可超过 20%～25%，使用前还应进行合理的加工调制。

不同月龄的育成羊每增重 100 g 的营养标准与育成羊的饲养标准详见表7-6，表 7-7。

表 7-6　不同月龄的育成羊每增重 100 g 的营养标准

月　龄	4～6	6～8	8～10	10～12	12～18
消化能（MJ）	3.22	3.89	4.27	4.90	5.94
可消化粗蛋白（g）	33	36	36	40	46

表7-7 育成羊的饲养标准

月龄	体重（kg）	风干饲料（kg）	消化能（MJ）	可消化粗蛋白（g）	钙（g）	磷（g）	食盐（g）	胡萝卜素(mg)
4～6	30～40	1.4	14.6～16.7	90～100	4.0～5.0	2.5～3.8	6～12	5～10
6～8	37～42	1.6	16.7～18.8	95～115	5.0～6.3	3.0～4.0	6～12	5～10
8～10	42～48	1.8	16.7～20.9	100～125	5.5～6.5	3.5～4.3	6～12	5～10
10～12	46～53	2.0	20.1～23.0	110～135	6.0～7.0	4.0～4.5	6～12	5～10
12～18	53～70	2.2	20.1～23.4	120～140	6.5～7.2	4.5～5.0	6～12	5～10

第四节 羊品种审定标准

本标准是农业农村部颁发的，适用于绵羊、山羊地方品种和培育品种的审定标准。

一、地方品种

（一）品种形成
长期分布于相对隔离的区域，与其他品种（或群体）无杂交。

（二）外形特征
外貌特征（毛色、角型和尾型）、体型结构应基本一致。

（三）群体规模
群体及等级群（二级以上）数量应在3万只以上，其中等级羊数量达到群体数量的70%以上。

（四）遗传性稳定
能将典型的优良性状稳定地遗传给后代。

（五）性能指标
要求测定出生、断乳、周岁和成年体重，周岁和成年体尺，毛（绒）产量，毛（绒）长度，毛（绒）纤维直径，屠宰率，胴体重，肉品质、产羔率等指标。

（六）品种标准
有本品种的鉴定和分级标准。

二、培育品种

（一）培育过程
明确其初始品种；有明确的育种方案，并经至少4个世代的连续选育。

（二）外形特征

有符合育种方案所定的群体体型结构和外貌特征（毛色、角型、尾型及肉用体型）。

（三）群体规模

群体数量在 2 万只以上，其中特一级等级羊应占群体羊的 70% 以上。

（四）遗传性稳定

能将品种特征及主要优良性状稳定地遗传给后代，推广改良效果明显。

（五）性能指标

测定出生、离乳、周岁和成年体重，周岁和成年体尺，毛（绒）量，毛（绒）长度，毛（绒）纤维直径，净毛（绒）率，6 月龄和成年公羊的胴体重、净肉率，屠宰率，骨肉比，眼肌面积，肉品质、产羔率等指标。

（六）适应性

对培育地区和引入异地的自然气候、饲草饲料利用、放牧性、抗病力的反应。

（七）育种档案资料

有完整的育种原始记录资料及实物。

（八）选育标准和生产情况

应有品种鉴定、分级标准，提供推广及改良的地区和数量，改良效果。

第五节　种羊日常管理规程

一、耳号编制

（一）种羊耳号编制

种羊个体编号是开展育种工作不可缺少的技术环节，耳号编制的总体要求是"简明、清晰、不易脱落""科学、系统、便于查询"。

绵羊编号常采用金属或塑料耳标。

打耳标时应选择羊耳上缘血管较少处打孔、安装，耳标上可打上品种代号、年号、个体号（个体号以单数代表公羊，双数代表母羊），总字符数不超过 8 位，有利于计算机资料管理。

1.品种代号　道赛特（D）、萨福克（S）、特克赛尔（T）、德国美利奴（M）、杜泊（B）、小尾寒羊（H）等。

2. 年号　取公历年份的后两位数，如"2005"取"05"作为年号。

3. 个体号　根据各场羊群大小，取三位至四位数，尾数单号代表公羊，双数代表母羊，可编出 999 ～ 9999 只羊的耳号。

例如"D-05-0036"代表种羊场 2005 年度出生的道赛特羔羊，个体号为36，母羊。

（二）杂种羊耳号编制

杂种羊耳号编制表明父本、母本、出生时间、公母、编号（公羊单号，母羊双号）。

"DH-03-1949"表示该羊是道赛特作父本，小尾寒羊作母本，二元杂交产生的后代，03 年出生，编号为 1949，公羊。

"DTH-05-0026"表示该羊是道赛特做第一父本，特克赛尔做第二父本，小尾寒羊作母本，三元杂交产生的后代，05 年出生，编号为 0026，母羊。

二、绵羊断尾

绵羊羔羊出生后 7 ～ 15 日龄断尾，断尾方法有以下两种。

（一）热断法

羔羊断尾时，需特制的断尾铲和两块 20 cm 见方（厚 3 ～ 5 cm）的木板，在一块木板一端的中部锯一个半圆形缺口，两侧包以铁皮。术前用另一块木板衬在条凳上，由一人将羔羊背贴木板进行保定，另一人用带缺口的木板卡住羔羊尾根部（距肛门约 4 cm），并用烧至暗红的断尾铲将尾切断，下切的速度不宜过快，用力要均匀，使断口组织在切断时受到烧烙，起到消毒、止血的作用。尾断下后如仍有少量出血，可用断层铲烫一烫即可止住，最后用碘酒消毒。

（二）结扎法

用橡胶圈在距尾根 4 cm 处将羊尾紧紧扎住，阻断尾下段的血液流通，约经 10 d 尾下段自行脱落。

三、绵羊剪毛

细毛羊和半细毛羊一般每年剪毛一次，粗毛羊可剪两次。剪毛时间主要取决于当地的气候条件和羊的体况。北方地区通常在 5 月中下旬剪毛。

剪毛时一般按公羊、育成羊和带仔母羊的顺序来安排剪毛，患有疥癣、痘疹的病羊留在最后剪，以免感染其他健康羊。

绵羊剪毛的技术要求高，劳动强度大，在有条件的大、中型羊场应提倡采用机械剪毛。

剪毛应在干净、平坦的场地进行，将羊保定后先从体侧至后腿剪开一条缝隙，顺此向背部逐渐推进（从后向前剪）。一侧剪完后将羊体翻一面，由背向腹剪毛（以便形成完整的毛套），最后剪下头颈部、腹部和四肢下部的羊毛。毛套去边后单独堆放打包，边角毛、头腿毛和腹毛装在一起，作为等外毛处理。

剪毛时，羊毛留茬高度为 0.3～0.5 cm，尽可能减少皮肤损伤。因技术不熟练则留茬过长时切不要补剪，因为剪下的二刀毛几乎没有纺织价值，既造成浪费又会影响织品的质量，必须在剪毛时引起重视。

剪毛前绵羊应空腹 12 h，以免在翻动羊体时造成肠扭转。剪毛后 1 周内应尽可能地在离羊舍较近的草场放牧，以免突遇降温、降雪天气而造成损失。

四、羊的修蹄

修蹄是重要的保健工作内容，羊蹄过长或变形，会影响羊的行走，甚至发生蹄病，造成羊残废，一般每半年修蹄一次。

修蹄可选在雨后进行，此时蹄壳较软，容易操作。修蹄的工具主要有蹄刀、蹄剪；修蹄时，羊呈坐姿保定，背靠操作者，一般先从左前肢开始，术者用左腿夹住羊的左肩，使羊的左前膝靠在人的膝盖上，左手握蹄，右手持刀、剪，先除去蹄下的污泥，再将蹄底削平，剪去过长的蹄壳，将羊蹄修成椭圆形。

修蹄时要细心操作，动作要准确、有力，要一层一层地往下削，不可一次切削过深，一般削至可见到淡红色的微血管为止，不可伤及蹄肉；修完前蹄后，再修后蹄。修蹄时若不慎伤及蹄肉，造成出血时，可视出血多少采用压迫法止血或烧烙法止血，烧烙时应尽量减少对其他组织的损伤。

五、绵羊药浴

疥癣等外寄生虫病对绵羊的产毛量和羊毛品质都有不良影响，一旦发生疥癣，就很容易在羊群内蔓延，造成巨大的经济损失。除对病羊及时隔离并严格进行圈舍消毒、灭虫外，药浴是防止疥癣等外寄生虫病的有效方法。定期药浴是绵羊饲养管理的重要环节。

药浴一般在剪毛后 10～15 d 进行，这时羊皮肤的创口已基本愈合，毛茬较短，药液容易浸透，防治效果更好。

常用的药品有螨净、双甲脒、蝇毒灵等。药浴在专门的药浴池或大的容器内进行，也可用喷雾法或淋浴法药浴。

为保证药浴安全有效，除按不同药品的使用说明书正确配制药液外，在大批羊药浴前，可用少量羊进行试验，确认不会引起中毒时才能让大批羊只药浴。在使用新药时，这一点尤其重要。

羊药浴时，要保证全身各部位均要洗到，药液要浸透被毛，要适当控制羊通过药浴池的速度；对羊的头部，需要人工浇一些药液淋洗，但要避免将药液灌入羊的口内；药浴的羊较多时，中途应补充水和药物，使其保持适宜的浓度。

对疥螨病患羊可在第一次药浴7天后再进行一次药浴，并结合局部治疗，使其尽快痊愈。

六、种羊培育相关记录表格

表 7-8　种羊选育登记表

种羊耳号		所属品种	
性　　别		月　　龄	
测量指标			
体高（cm）	体长（cm）	胸围（cm）	体重（kg）
睾丸状况	体态特征	健康状况	有无缺陷
所属等级		是否淘汰	
备　　注			

表 7-9　纯种羊培育档案

编号：　　　　　　　　　　　　　　　　　　　　　　　　　年　月　日

个体耳号：		来源：		
	品　种		出生年月	
	性　别		繁殖方式	
个体生产性能测定（kg）				
	初生重	断奶重（3月龄）	6月龄体重	12月龄体重
父母代				
	父本		母本	
	耳号		耳号	
	品种		品种	

表 7-10　羊培育档案

编号：　　　　　　　　　　　　　　　　　　　　　　　　年　　月　　日

培育个体耳号：			
杂交代数		出生年月	
性　别		繁殖方式	
个体生产性能测定（kg）			
初生重	断奶重（3月龄）	6月龄体重	12月龄体重
父母代			
第一父本		第二父本	母本
耳号		耳号	耳号
品种		品种	品种

表 7-11　（三元杂交）羊　闭锁繁育档案

编号：　　　　　　　　　　　　　　　　　　　　　　　　年　　月　　日

个体耳号：	来源：自繁		
品　种	xx（三元杂交）羊	出生年月	
性　别		繁殖方式	闭锁繁育
个体生产性能测定（kg）			
初生重	断奶重（3月龄）	6月龄体重	12月龄体重
父母代			
父本		母本	
耳号		耳号	
三元杂种代数		三元杂种代数	

表 7-12　配种记录月报表

年　　月　　　　　　　　　　　　　　　　　　　　　　　单位：只

品种	道赛特	萨福克	特克赛尔	杜泊	德国美利奴	小尾寒羊	杂一代	羊	小计
1									
2									
3									
4									
5									
6									
7									
8									
9									
10									

品种	道赛特	萨福克	特克赛尔	杜泊	德国美利奴	小尾寒羊	杂一代	羊	小计
11									
12									
13									
14									
15									
16									
17									
18									
19									
20									
21									
22									
23									
24									
25									
26									
27									
28									
29									
30									
31									
小计									
本月合计（只）									

表 7-13　细管精液生产记录月报表

年　　月

单位：支

品种	道赛特	萨福克	特克赛尔	杜泊	德国美利奴	小计（支）
1						
2						
3						
4						
5						
6						
7						
8						
9						
10						
11						

续表

品种	道赛特	萨福克	特克赛尔	杜泊	德国美利奴	小计（支）
12						
13						
14						
15						
16						
17						
18						
19						
20						
21						
22						
23						
24						
25						
26						
27						
28						
29						
30						
31						
小计						
本月总计（支）						

表 7-14 胚胎生产记录月报表

年　　月　　　　　　　　　　　　　　　　　　　　单位：枚

品种	道赛特	萨福克	特克赛尔	杜泊	德国美利奴	小计（枚）
1						
2						
3						
4						
5						
6						
7						
8						
9						
10						
11						
12						

续表

品种	道赛特	萨福克	特克赛尔	杜泊	德国美利奴	小计（枚）
13						
14						
15						
16						
17						
18						
19						
20						
21						
22						
23						
24						
25						
26						
27						
28						
29						
30						
31						
小计						
本月总计（枚）						

表 7-15　年度羊场程序免疫年报表

月份	免疫时间	疫苗名称	预防疫病	免疫方法	免疫期
1					
2					
3					
4					
5					
6					
7					
8					
9					
10					
11					
12					
备注					

表 7-16　羔羊生产记录月报表

	道赛特		萨福克		特克赛尔		朴泊		德国美利奴		湖羊		陕北白绒山羊	
	公	母活	公	母活	公	母活	公	母活	公	母活	公	母活	公	母活
	活	活	活	活	活	活	活	活	活	活	活	活	活	活
1														
2														
3														
4														
5														
6														
7														
8														
9														
10														
11														
12														
13														
14														

续表

	道赛特		萨福克		特克赛尔		杜泊		德国美利奴		湖羊		陕北白绒山羊	
	公 活	母 活	公 活	母 活	公 活	母 活	公 活	母 活	公 活	母 活	公 活	母 活	公 活	母 活
15														
16														
17														
18														
19														
20														
21														
22														
23														
24														
31														
小计														

本月产羔数量合计（只）

第六节　种羊的个体鉴定

选择种羊除了依靠生产性能的表现外，个体鉴定也是一个重要的依据。基础母羊一般每年进行一次鉴定，种公羊一般在 1.5 ～ 2 岁进行一次。鉴定种羊包括年龄鉴定和体型外貌鉴定。

一、年龄鉴定

年龄鉴定是其他鉴定的基础。肉羊不同年龄生产性能、体型体态、鉴定标准都有所不同。现在比较可靠的年龄鉴定法仍然是牙齿鉴定。牙齿的生长发育、形状、脱换、磨损、松动有一定的规律。因此，人们就可以利用这些规律，比较准确地进行年龄鉴定。成年羊共有 32 枚牙齿，上颌有 12 枚，每边各 6 枚，上颌无门齿，下颌有 20 枚牙齿，其中 12 枚是臼齿，每边 6 枚，8 枚是门齿，也叫切齿。利用牙齿鉴定年龄主要是根据下颌门齿的发生、更换、磨损、脱落情况来判断。

羔羊一出生就长有 6 枚乳齿；约在 1 月龄，8 枚乳齿长齐；1.5 岁左右，乳齿齿冠有一定程度的磨损，钳齿脱落，随之在原脱落部位长出对齿；2 岁时中间齿更换，长出第二对齿；约在 3 岁时，第四对乳齿更换为齿；4 岁时，8 枚门齿的咀嚼面磨得较为平直，俗称齐口；5 岁时，可以见到个别牙齿有明显的齿星，说明齿冠部已基本磨完，暴露了齿髓；6 岁时已磨到齿颈部，门齿间出现了明显的缝隙；7 岁时缝隙更大，出现露孔现象。为了便于记忆，总结出顺口溜：一岁半，中齿换；到两岁，换两对；两岁半，三对全；满三岁，牙换齐；四磨平；五齿星；六现缝；七露孔；八松动；九掉牙；十磨尽。

二、体型外貌

体型外貌鉴定的目的是确定肉羊的品种特征、种用价值和生产力水平。体型评定往往要通过体尺的测定，体尺指数的计算来加以评定。

测量部位有：

①体高。指肩部高点到地面的距离。

②体长。指取两耳连线的中点到尾根的水平距离。

③胸围。指肩胛骨后缘经胸一周的周经。

④管围。指取管部细处的周经，在管部的上 1/3 处。

⑤腿臀围。由左侧后膝前缘突起，绕经两股后面，至右侧后膝前缘突起的水平半周。

为了衡量肉羊的体态结构、比较各部位的相对发育程度和评价产肉性能，一般要计算体尺指数：

体长指数 = 体长 ÷ 体高

体躯指数 = 胸围 ÷ 体长

胸围指数 = 胸围 ÷ 体高

骨指数 = 管围 ÷ 体高

产肉指数 = 腿臀围 ÷ 体高

肥度指数 = 体重 ÷ 体高

肉羊的外貌评定通过对各部位打分，后求出总评分。将肉羊外貌分成四大部分，公羊分为整体结构、育肥状态、体躯和四肢，各部位的给分标准分别为 25 分、25 分、30 分和 20 分；母羊分为整体结构、体躯、母性特征和四肢，各部位的给分标准分别为 25 分、25 分、30 分和 20 分，合计 100 分。

第七节　羊的发情特征与鉴定方法

发情是母羊达到性成熟时的一种周期性的性表现。这种周期性的性活动同时伴随着母羊卵巢、生殖道、精神状态和行为的变化，表现出一定特征。羊在繁殖季节内可以多次发情，即羊发情具有重复性。母羊在每个发情周期内，可分为发情前期、发情期、发情后期和间情期，这是羊发情的阶段性特征。绵羊的发情持续时间一般为 30 h 左右，山羊 24 ~ 38 h。母羊一般在发情后期会出现卵泡破裂排卵。卵子在输卵管中能存活 4 ~ 8 h，精卵结合最佳时间是 24 h 内。因此，在生产中要正确把握羊的发情特征，掌握羊的最佳排卵时间，适时配种，才能提高受胎率。

一、母羊发情鉴定的方法

（一）外部观察法

母羊发情时常表现出精神兴奋、爱走动、食欲减退，外阴部发红肿胀，阴门、尾根黏附着分泌物。山羊发情外部表现比绵羊明显。

（二）试情法

在羊群较大时，鉴定母羊发情最好采用公羊试情法。试情公羊主要用来寻找发情母羊。公羊必须体格健壮、无病、年龄在 2～5 岁之间。为防止试情中偷配，要在试情公羊腹部结系一块 40 cm×35 cm、四角各有一条带子的白布。试情公羊与母羊比例 1∶40。试情时间一般是清晨。当发现试情公羊用鼻去嗅母羊，或用蹄去挑逗母羊，甚至爬跨到母羊背上，而母羊站立不动或接近公羊时，这样母羊即为发情羊。每次试情时间 1 h 左右为宜。

（三）阴道检查法

采用阴道开膣器，通过观察母羊阴道黏膜的色泽和充血程度，子宫颈口的开张大小和分泌黏液的颜色、分泌量及黏稠度等，来判定母羊的发情。

—— ∥ 第八章 ∥ ——
羊肉鉴定方法

第一节　羊肉分级

我国羊肉的分级标准，先将绵羊胴体分为大羊肉和羔羊肉两大类，羔羊肉为 12 月龄内（没换乳齿）屠宰的羊肉，其中大部分为 4～6 月龄屠宰的羊胴体。对这类羊肉，又称之为肥肉。大羊肉则泛指满 12 月龄并已换 1 对以上乳齿才屠宰的羊肉。

一、大羊肉胴体的分级标准

一级：胴体重 25～30 kg，肉质好，脂肪含量适中，第六对肋骨上部棘突上缘的背部脂肪厚度 0.8～1.2 cm。

二级：胴体重 21～23 kg，背部脂肪厚度 0.5～1.0 cm。

三级：胴体重 17～19 kg，背部脂肪厚度 0.3～0.8 cm。凡不符合三级要求的均列为级外胴体。

二、羊肉胴体分级标准

一级：胴体重 20～22 kg，背部脂肪厚度 0.5～0.8 cm。

二级：胴体重 17～19 kg，背部脂肪厚度在 0.5 cm 左右。

三级：胴体重 15～17 kg，背部脂肪厚度在 0.3 cm 以上。

三、肥羔羊肉胴体分级标准

一级：胴体重 17～19 kg，肉质好，脂肪含量适中。

二级：胴体重 15～17 kg，肉质好，脂肪含量适中。

三级：胴体重 13～15 kg，肌肉发育中等，脂肪含量略差。凡不符合三级要求的均列为级外胴体。

第二节　羊肉品质鉴别的方法

随着城乡居民收入水平的不断提高，自我保健意识逐渐增强，消费观念逐步转变，羊肉消费市场不断扩大。羊肉以其鲜嫩、多汁、味美、营养丰富、胆固醇含量低等特点，愈来愈受到消费者的青睐。尽管种草养羊配套技术得到大面积推广，规模化羊场不断扩大，肉羊存栏数不断增加，羊肉的产量逐年增长，但基于羊的繁殖和生长特性，一时难以满足市场需求，且羊肉价格多年高位运行，一直呈平稳上升趋势且逐年刷新纪录。不法分子在利益的驱使下利用大多数消费者不具备识别真假、优劣羊肉的常识，用劣质羊肉代替优质羊肉，或用廉价的猪肉或鸭肉，甚者用狐狸肉、老鼠肉添加色素、香精制作出假冒的羊肉来欺骗消费者。而一些消费者却不知道自己吃的羊肉竟然不是羊肉。所以，为了家人的身体健康，应掌握鉴别真假、优劣羊肉的知识。

一、掺假羊肉

（一）方式

成块的分割羊肉很容易辨别，但目前羊肉卷、冻羊肉和羊肉串掺假比较多，羊肉中掺入猪肉或鸭肉或其他肉压实冷冻或冷冻后刨肉卷直接用猪肉、鸭肉或其他肉掺上羊油、香精、羊肉粉等，有些还掺色素加大了辨别难度，掺假常出现最多的地方就是烤肉串店，烤熟后更难辨认。

对于普通消费者来说，最好的方法就是去清真农贸市场购买羊肉，或者去超市买大品牌的羊肉制品，这样质量会更有保证，尽量不要到街头烤串店或者小型批发羊肉卷店购买。

（二）鉴别方法

鉴别真假羊肉主要用"一看、二摸、三煮、四价格"的方法：一看颜色和纹理，真羊肉卷呈粉红色或淡粉色，假羊肉卷颜色呈鲜红色或血红色，真羊肉肥瘦相间，间隔小，不明显，即白肉和红肉相接，肉质嫩、纹理清，很自然呈大理石花纹。假羊肉肥瘦相间的很少，白肉和红肉是分开的，无明显纹路，白是白，红是红，一块一块。二摸，解冻后用手感辨别，彻底解冻后真羊肉用手去撕，白肉和红肉是相粘连的，即肥肉应该是一丝丝夹在瘦肉里的，分布自然均匀，假羊肉片或肉卷立刻就被分辨出来，通常是肥瘦各占一边，互相分离，用手一捏就会分开，而且看起来很像是拼接成的。三煮，真羊肉卷下锅后颜色依旧为粉红色，浮沫较少，假羊肉卷下锅后颜色会变黑并且产生很多浮沫。大约煮 2 min，真的羊肉，肉质变紧实了，假的被沸腾的热水冲击后散开了，颜色也变得不自然了。此外，价格也是判断真假羊肉的一种有效手段，太便宜的羊肉容易有假。

（三）危害

使用猪肉或鸭肉掺假制成的羊肉卷对人体没有什么危害，但如果用未经动物卫生监督部门检疫，来历不明或不新鲜的肉制作的，这种肉很可能携带对人体有害的病菌，特别是狐狸肉、老鼠肉就更可怕了，对人体危害极大。再有就是过量添加色素、香精的羊肉，人食用后容易引起添加剂中毒。

二、优劣羊肉

（一）羊肉品质

羊肉品质受品种、性别、屠宰年龄和营养水平等因素的影响，科学的评价指标有羊肉的颜色、气味、大理石纹、系水率、失水率、酸碱度、嫩度、熟肉率等。优质羊肉要达到细嫩、色鲜、可口、大理石纹状等。

（二）感官鉴定方法

羊肉主要有新鲜、不新鲜和变质之区分，也有羊龄大小之别。挑选时应在羊肉的颜色、弹性、黏度以及气味上加以鉴别。

新鲜羊肉色红有光泽，质坚而细，有弹性，不粘手，外表微干，气味新鲜无异味。不新鲜羊肉色暗，外表干燥或粘手，肉质松弛，无弹性，略有氨味或酸味。变质羊肉色暗、无光泽、沾手、脂肪呈黄绿色、有臭味。冷冻时间较长或反复解冻的羊肉，发白或呈现暗红色，肥瘦相间的脂肪部分会变黄。

老羊肉肉色深红肉质较粗。羔羊肉肉色粉红或浅红，肉质坚而细，富有弹性。带骨羊肉，骨骼越细的说明羊的年龄越小，肉质也更加柔嫩。山羊肉纹理较粗，肉色较深，脂肪较少，山羊肉薄片放在开水里立即卷缩成团。绵羊肉纹理较细，肉色较浅、脂肪较多，绵羊羊肉薄片，放在开水里形状不变，舒展自如。如老公羊膻味浓重，肌纤维粗糙，肉色深红、羯羊肉、质鲜美，膻味很轻。老母羊肉质松软，膻味较重。

三、羊肉品质评定标准

（一）肉色

肉色是指肌肉的颜色。由肌肉中的肌红蛋白和肌白蛋白的比例所决定。但同时与肉羊的性别、年龄、肥度、宰前状况和屠宰、冷藏的加工方法及水平有关。成年绵羊的肉呈鲜红色或红色，老母羊肉呈暗红色（图8-1），羔羊肉呈淡灰红色（图8-2）。在通常情况下，山羊肉的肉色较绵羊肉的肉色红。评定肉色时，可用分光光度计精确测定肉的总色度，也可按肌红蛋白含量来评定，现场多用目测法，即在评定时取最后一个胸椎处背最长肌（眼肌），新鲜肉样于宰后 1～2 h，冷却肉样于宰后 24 h 在 4℃左右冰箱中存放。在室内自然光下，用目测评分法评定肉样的新鲜切面（避免在阳光直射下或在室内阴暗处评定）。肉色为灰红色评 1 分，微红色评 2 分，鲜红色评 3 分，微暗红色评 4 分，暗红色评 5 分。两级之间允许评 0.5 分。具体评分时可用美式或日式肉色评分图对比，凡评为 3 分或 4 分者属正常颜色。

图 8-1　新鲜老羊肉

图 8-2　新鲜羔羊肉

（二）大理石纹

指肉眼可见的肌肉横切面红色中的白色脂肪纹状结构（图8-3）。红色为肌细胞，白色为肌束间结缔组织和脂肪细胞。白色纹理多而显著，表示肉中蓄积较多的脂肪，肉的多汁性好。

评定时常用的方法是取第一腰椎部背最长肌鲜肉样，置于

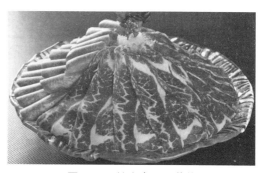

图 8-3　羊肉大理石花纹

0～4℃冰箱中 24 h。取出横切，以新鲜切面观察其纹理结构，并借用大理石纹评分标准图评定，只有痕迹的评为 1 分，微量纹理的评为 2 分，少量纹理

的评为 3 分，适量纹理的评为 4 分，过量纹理的评为 5 分。

（三）羊肉酸碱度

是指肉羊停止呼吸后，在一定条件下，经一定时间所测得的酸碱度。肉羊宰杀后，肉发生一系列的生化变化，由于肌肉中聚集乳酸和磷酸等酸性物质，使肉酸碱度降低，这种变化可改变肉的保水性能、嫩度、组织状态和颜色等性状。

测定方法：用酸度计并按其说明在室温下进行。直接测定时，在切面的肌肉面用金属棒从切面中心刺一个孔，然后插入酸度计电极，使羊肉紧贴电极球端后读数；捣碎测定时，将肉样加入组织捣碎机中捣 3 min 左右，取出装入小烧杯后插入酸度计电极测定。

评定标准：鲜肉酸碱度为 5.9 ～ 6.5，次鲜肉酸碱度为 6.6 ～ 6.7，腐败肉酸碱度为 6.7 以上。

（四）羊肉的失水率

失水率是指羊肉在一定压力条件下，经一定时间所失去的水分占失水前肉重的百分数。失水率越低，表示保水性能强，肉质柔嫩。

测定方法：在第一腰椎背最长肌处截取 5 cm 肉样一段，平置于洁净的橡皮片上，用直径为 2.532 cm 的圆形取样器（面积约 5 cm^2），切取中心部分厚度为 1 cm 的肉样一块，立即用感量为 0.001 g 的天平称重，然后置肉样于多层吸水性好的定性中速滤纸上，以水分不透出、全部吸进为度。一般是在 18 层定性中速滤纸的压力平台上，肉样上方覆盖 18 层定性中速滤纸，上下各加一块书写用的塑料板，加压至 35 kg，保持 5 min，撤除压力后，立即称取肉样重量，按下列公式计算失水率。

$$失水率（\%）= \frac{肉样压前重量 - 肉样压后重量}{肉样压前重量} \times 100$$

（五）羊肉系水率

系水率是指肌肉保持水分的能力。用肌肉加压后保存的水量占总水量的百分数表示。羊肉系水率与失水率是一个问题的两个不同概念。系水率高，则肉的品质好。测定方法是取背最长肌肉样 50 g，按食品分析常规测定法测定肌肉加压后保存的水量占总水量的百分数。

$$系水率（\%）= \frac{肌肉总水分 - 肉样失水量}{肉总水分肌} \times 100$$

（六）熟肉率

指肉熟后与生肉的重量比率。取一侧腰大肌中段约 100 g，于宰杀后 12 h 内进行测定，剥离肌外膜附着的脂肪，用感量 0.1 g 的天平称重（W_1）。将样品置于蒸锅的蒸屉上，用沸水在 2000 W 的电炉上蒸煮 45 min，取出冷却 30 ～ 45 min，称重（W_2），计算公式为：

$$熟肉率 (\%) = \frac{W_2}{W_1} \times 100$$

（七）羊肉的嫩度

指肉的老嫩程度。羊肉嫩度评定通常采用仪器和品尝两种方法。使用仪器评定时，通常采用 C–LM 型肌肉嫩度计，以千克（kg）为单位表示。数值越小，肉越细嫩。口感品尝通常是取后腿或腰部肌肉 500 g，放入锅内蒸数分钟，取出切成薄片，凭咀嚼的碎裂程度进行评定，易碎裂则嫩。

（八）膻味

绵羊、山羊固有的一种特殊气味，属羊的代谢产物。膻味的大小与羊的品种、性别、年龄、季节、地区、去势与否等诸多因素有关。对羊肉膻味的鉴别，最简易的方法是煮沸品尝。取前腿肉 0.5 ～ 1.0 kg，放入锅内蒸数分钟，取出切成薄片，放入盘中，不加任何作料（原味），凭咀嚼感来判定膻味的浓淡程度。

第三节　山羊肉与绵羊肉的区别

一、区别

（一）口感

绵羊肉比山羊肉口感更佳，这是由于山羊肉脂肪中含有 4- 甲基辛酸的脂肪酸，这种脂肪酸挥发后会产生一种特殊的膻味。从吃法上来说，山羊肉更适合清炖或烤羊肉串。近年来，由于山羊肉的胆固醇、脂肪含量低，开发出了很多保健食品。

（二）营养

相比之下，绵羊肉比山羊肉脂肪含量更高，山羊肉的一个重要特点就是胆固醇含量比绵羊肉低，因此，可以起到防止血管硬化的作用，特别适合高血脂患者和老人食用。

（三）中医

中医认为，山羊肉是凉性的，而绵羊肉是热性的。因此，后者具有补养的作用，适合产妇、病人食用；前者则病人最好少吃，普通人吃了以后也要忌口，最好不要再吃凉性的食物和瓜果等。

二、如何辨别山羊肉与绵羊肉

一是看肌肉。绵羊肉黏手，山羊肉发散，不黏手；二是看肉上的毛形，绵羊肉毛卷曲，山羊肉硬直；三是看肌肉纤维，绵羊肉纤维细短，山羊肉纤维粗长；四是看肋骨，绵羊的肋骨窄而短，山羊的则宽而长。

三、羊肉怎么去膻味最有效

1. **萝卜去膻法**　将白萝卜戳上几个洞，放入冷水中和羊肉同煮，滚开后将羊肉捞出，再单独烹调，即可去除膻味。

2. **米醋去膻法**　将羊肉切块放入水中，加点米醋，待煮沸后捞出羊肉，再继续烹调，也可去除羊肉膻味。

3. **绿豆去膻法**　煮羊肉时，若放入少许绿豆，亦可去除或减轻羊肉膻味。

4. **咖喱去膻**　法烧羊肉时，加入适量咖喱粉，一般以 1 000 g 羊肉放半包咖喱粉为宜，煮熟煮透后即为没有膻味的咖喱羊肉。

5. **料酒去膻法**　将生羊肉用冷水浸洗几遍后，切成片、丝或小块装盘，然后每 500 g 羊肉用料酒 50 g、小苏打 25 g、食盐 10 g、白糖 10 g、味精 5 g、清水 250 g 拌匀，待羊肉充分吸收调料后，再取 3 个鸡蛋蛋清、淀粉 50 g 上浆，过几分钟，料酒和小苏打可充分去除羊肉中的膻味。

6. **药料去膻法**　烧煮羊肉时，用纱布包好碾碎的丁香、砂仁、豆蔻、紫苏等同煮，不但可以去膻，还可以使羊肉具有独特的风味。

7. **浸泡除膻法**　将羊肉用冷水浸泡 2～3 d，每天换水 2 次，使羊肉肌浆蛋白中的氨类物质浸出，也可减少羊肉膻味。

8. **橘皮去膻法**　炖羊肉时，在锅里放入几个干橘皮，煮沸一段时间后捞出弃之，再放入几个干橘皮继续烹煮，也可去除羊肉膻味。

9. **核桃去膻法**　选上几个质好的核桃，将其打破，放入锅中与羊肉同煮，也可去膻。

10. **山楂去膻法**　用山楂与羊肉同煮，去除羊肉膻味的效果甚佳。

四、冬季吃羊肉的禁忌

1.**忌与茶同食**　茶水是羊肉的"克星"。这是因为羊肉中蛋白质含量丰富，而茶叶中含有较多的鞣酸，吃羊肉时喝茶，会产生鞣酸蛋白质，使肠的蠕动减弱，大便水分减少，进而诱发便秘。

2.**不宜与醋同食**　酸味的醋具有收敛作用，不利于体内阳气的生发，与羊肉同吃会让它的温补作用大打折扣。

3.**忌与西瓜同食**　吃羊肉后进食西瓜容易"伤元气"。这是因为羊肉性味甘热，而西瓜性寒，属生冷之品，进食后不仅大大降低羊肉的温补作用，且有碍脾胃。

4.**部分病症忌食羊肉**　经常口舌糜烂、眼睛红、口苦、烦躁、咽喉干痛、牙龈肿痛者，或腹泻者，或服中药方中有半夏、石菖蒲者均忌吃羊肉。

5.**不宜与南瓜同食**　中医古籍中还有羊肉不宜与南瓜同食的记载。这主要是因为羊肉与南瓜都是温热食物，如果放在一起食用，极易"上火"。同样的道理，在烹调羊肉时也应少放点辣椒、胡椒、生姜、丁香、茴香等辛温燥热的调味品。

—— ‖ **第九章** ‖ ——

羊绒与羊毛的鉴定方法

第一节　鉴别羊毛与山羊绒的检测方法

目前国家监督局报道出非常多不合格的山羊绒服装制品，媒体也报道出很多消费者不懂识别或无法识别服装制品中是否含有山羊绒。现阶段实际生产过程中较为普遍的鉴别方法是显微镜鉴别法。是根据动物纤维表面鳞片结构的差异来分辨各类纤维，再根据各类纤维的密度，分别测量直径、计数根数，最后分别计算出重量百分比，从而测定纤维的混合含量。

一、显微镜法的原理

显微镜法就是将纤维放大，在投影仪或者是纤维细度分析仪中，仔细观察屏幕中呈现出的鳞片密度、厚度、高度以及鳞片与鳞片之间的叠加情况等。根据动物纤维表面鳞片结构的差异分辨各类纤维和密度，并分别测量直径、计数根数，计算出重量百分比，从而测定纤维的混合含量。

本文首先介绍绵羊毛与山羊绒的区别，再进一步重点介绍绵羊绒与山羊绒的区别，对检测难点进行进一步的分析，提出在生产检测中常遇到的问题并对其进行研究提出解决方案。最后，从羊毛及羊绒的组织结构及物理、化学特性方面的差异进行分析，结合实际生产中的一些情况，总结了羊毛（改性羊毛）与羊绒定性与定量的鉴别原理和方法。

二、羊毛与山羊绒的特性

（一）吸湿性

动物毛纤维的角蛋白中常常包含丰富的亲水基团，这些亲水基团表现出非常好的吸湿性。羊毛的鳞片排列比羊绒紧密且厚，导致羊绒的吸湿性比羊毛好，回潮率较高。

（二）染色性

由于动物毛纤维的组成及鳞片结构的不同，它们的染色性也存在一定的差异。

（三）摩擦性能与缩绒特性的分析

由于山羊绒的鳞片排列比羊毛的较稀，鳞片较薄，边沿较光滑，鳞片与毛干的包覆较紧密，所以山羊绒的摩擦系数较小，摩擦效应也较小，缩绒性较差，防缩绒性较好。

（四）光泽

山羊绒纤维细，其表面鳞片排列规整、密度小、鳞片紧贴毛干、厚度较薄、边沿光滑。羊毛纤维一般粗细不均，其表面鳞片排列不规整，有的呈瓦状，有的呈龟裂状，有的呈环状，时而排列紧密时而排列稀疏，总体密度也较大，翘角大，高度较高，边沿不光滑，因而光泽暗淡，多是灰黄色。

（五）断裂强力

羊绒较细，由于羊绒较细，以及角质层髓质层等内部结构原因，使其断裂强力较低，用两手捏住绒丝两头，稍加用力即断，而羊毛断裂强力大，无法轻易扯断。

三、显微镜鉴别山羊绒、绵羊毛

（一）鳞片厚度及透光度

鳞片厚度：指鳞片末端边缘的高度。

透光度：指纤维在显微镜下的透明度体现出来的透光度。

山羊绒鳞片较薄，其表面相对光洁，在显微镜观察下其表现出一定的透明性与较强的透光度，其光泽较为柔和明亮；而绵羊毛的鳞片相比更厚，光泽度也一般。

（二）鳞片密度（径高比）

山羊绒鳞片密度相对较小，相互之间的间距较大，鳞片重叠覆盖不多，直径和鳞片高度较为一致，因此径高比一般不超过1；绵羊毛和山羊绒的鳞片形态恰恰相反，其密度相对更大，通常表现出瓦片状，即便是属于竹节状分布，鳞片高度直径小，重叠较多，因此基本上其径高比都大于1。

（三）边缘光滑程度

在显微镜之下能够观察到山羊绒鳞片与毛干之间较为紧贴，基本上不存在由于鳞片翘起而导致的边缘锯齿翘脚，而在显微镜下绵羊毛鳞片边缘相对粗糙，开张角度更大，纤维边缘的光滑度也不是很高。山羊绒纤维更加匀称，单根纤维直径变异系数不大；绵羊毛纤维粗细不均，单根纤维直径变化更大。

（四）毛干顺直程度

由于羊毛与羊绒组织结构的不同会导致毛干顺直程度不同。①山羊绒从外到内主要包括了鳞片层以及皮质层，不具备髓质层，排列较为规则且卷曲性不大，但羊毛从外到内包含了鳞片层、皮质层和髓质层，看上去更加杂乱，且存在较大的卷曲性。②细羊毛鳞片排列相对羊绒来说更加紧密且厚度更高。③山羊绒皮质层为主体，而羊毛的正偏皮质从长度方向来说会转换方向，而羊绒不换向。

（五）山羊绒在显微镜下的特征

①圆润。因为皮质层表现出双侧结构特征，但皮质层和偏皮质层之间的分界相对细羊毛来说不是特别明显，横截面通常为圆形，观察后能够发现山羊绒纤维具有更加均匀的立体感。②均匀。因为每根纤维的直径离散系数不是很大，能够观察到纤维前后端各部分的直径不存在较大变化。③顺滑。观察到纤维鳞片边缘相对光滑，基本上不存在由于鳞片翘起而导致边缘锯齿翘角的现象。④透亮。因为鳞片与毛干之间关系较为紧密且鳞片较薄，通常为 $0.3 \sim 0.5~\mu m$，其可见高度通常在 $10 \sim 17~\mu m$ 之间，观察后发现山羊绒纤维相对于细羊毛纤维更加透亮，仿若润玉；⑤顺直。山羊绒纤维卷曲不具有规则性，同时卷曲数低于细羊毛，能够观察到其纤维基本上处于顺直状态，很少发生弯曲。

四、结论

由于羊毛与山羊绒纤维之间表现出一定的差异性，我们能够借助感官法、燃烧法来从宏观性质的角度对其进行区分，即从山羊绒与羊毛的手感、粗细、光泽、吸湿性、柔软性、断裂强力等不同特点的差异性去区分。然而要更加深入细致地对羊毛和羊绒进行鉴别，还需要借助于专业的纤维镜进行观察，对纤维排列以及鳞片结构实施全面对比分析，从而了解其鳞片特征以及条干差异，这样才能够更加科学准确地鉴别毛绒纤维。

第二节　山羊绒净绒率——近红外光谱法快速检测仪的研发

内蒙古自治区是全国山羊绒纤维第一大产区，山羊绒产业作为自治区经济发展的特色优势产业和重要的民生产业，在繁荣市场、扩大出口、促进农牧民增收等方面发挥着重要作用。但是，由于山羊绒检测技术落后、检测效率低，市场不规范，我区羊绒产业出现了优良种羊品种资源减少，农牧民养殖效益偏低，原料质量持续下降，企业效益明显下滑等问题，妨碍了羊绒产业的可持续发展。因此，加快构建符合我国国情、国际先进的山羊绒检验检测标准体系建设，切实加强羊绒质量监管，维护交易流通秩序，促进以质论价，保护农牧民、企业正当利益，促进传统产业、地方经济快速发展，是我们的工作目标。

绒山羊的被毛中包含两类纤维，一类是粗毛（纤维直径大于 25 μm），另一类是生长在被毛底部的细绒毛（纤维直径小于等于 25 μm），即通常所称的山羊绒。每年春季山羊脱毛之际，用特制的铁梳从山羊躯体上抓取的绒毛称为山羊原绒。山羊原绒通过规定的洗涤程序洗净后为洗净绒。洗净绒分梳后得到的山羊绒也称分梳绒，是纺织工业的优质原料。山羊原绒净率是评定山羊原绒品质性能的重要质量指标，是决定使用价值和价格的主要技术参数，在我国羊绒生产、流通、加工、检验各个环节都采用手工检法，先将绒纤维、粗毛、杂质分离，烘干后分别称重，再计算出绒纤维所占重量百分比。检测一个样本需要 4 h，同时，人工受个人眼光、手法及熟练程度的影响，存在较大误差。如何缩短检测过程，提高检测效率，逐渐向仪器化方向推进成为山羊绒纤维检验工作研究的重点。

近红外光谱多元分析是一种快速分析方法，已经广泛用于石化、农业、食品和制药等领域。该研究旨在研究近红外光谱法快速定量测定山羊绒原绒及其洗净绒的净绒率方法，并开发近红外光谱法山羊绒快速分析仪。所开发的分析仪将具有分析速度快（单个样品分析时间小于 3 min）、智能化（操作者无须复杂的专业培训，即可方便操作使用）和仪器便携等优点，且适用于实验室和现场应用，非常适合山羊绒的全程质量追踪检测。

一、研究内容

（一）基本原理

样品成分浓度或性质变化与对应的光谱变化之间存在着相关关系。基于这一相关关系，建立光谱变化与样品成分浓度或性质变化之间的定量或定性关系，即校正模型，然后应用校正模型和未知样品光谱实现定量预测未知样品一种或多种成分浓度或性质的一种快速分析方法，无论原绒还是洗净绒均由绒纤维、山羊粗毛和杂质等构成，其中绒纤维和山羊粗毛纤维均属角朊蛋白质，化学成分十分接近，但两者在蛋白二次组织结构上有细微差异以及在物理性质如直径上有明显差别。杂质是由杂草、皮屑和其他等组成，化学检测它与前两者差别比较大。通常，样品组成不同，净绒率不同，其近红外光谱也不同。光谱和净绒率都是样本的属性，因此，两者之间存在着相关关系。根据这些相关关系可实现用近红外光谱快速测定原绒或洗净绒样品的净绒率。首先针对内蒙古典型原绒种类分布情况，收集一定种类和数量的原绒和洗净绒样品，采集其近红外光谱，采用现行标准检测方法测定其净绒率。采用多元校正方法将光谱和净绒率关联，建立近红外光谱预测样品净绒率的定量模型。所有运算过程均使用 MTLAB 软件进行。

（二）技术路线

首先收集足够数量的样品，将样品分成校正集和验证集两部分，其中校正集用于建立模型，验证集用于对模型性能进行验证；采用标准方法测量样品的净绒率作为多元校正模型建模所用基础数据。

基于近红外光谱技术，设计并制造山羊绒快速检测仪；研究样品最佳采集方法，采集样品光谱；研究最佳光谱数据预处理方法，消除光谱干扰和无关信息，提高信噪比；研究光谱最佳建模方法，建立净绒率多元校正模型；采用校正标准偏差 SEC、验证标准偏差 SEP 等模型评价方法对模型性能进行评价；评价方法重复性。

（三）产品结构

山羊绒快速检测仪特点为采用漫反射近红外（NIR）技术，利用 NIR 光谱，结合化学计量学进行快速检测。首先测量待测样品的 NIR 光谱，然后利用已建立的模型来分析计算待测样品的净绒率，最后显示分析结果。

该检测仪由外壳、光学系统、微处理器与控制系统以及软件组成。外壳、光学系统和微处理器与控制系统组成检测仪的硬件，主要完成光谱测量功能、数据处理和显示功能。软件是检测仪的重要组成部分，完成光谱测量和未知样品预测功能。该软件系统采用专用软件设计思想，采用一套软件支持仪器完成以上所有功能。一般的软件由光谱测量软件和化学计量学处理软件两部分组成。在检测未知样品时，先由前者采集样品光谱，然后将光谱输入后者进行未知样品的预测。本项目系统的软件将光谱测量功能和化学计量学软件中的未知样品预测功能集成为一体，检测样品时，利用该软件测量样品光谱后，软件根据设置好的预测参数和分析模型，自动分析光谱信息并快速给出检测结果。因此，该软件操作方便快捷，即使缺乏光谱专业分析背景的人员，无须经过复杂技术培训也可使用。

该山羊绒快速检测仪遵循光、机、电多种技术高度结合的产品设计理念，集光谱测量、数据处理分析、数据显示等多种功能于一身，可满足原绒和洗净绒等多种动物纤维的快速检测，配合人性化外观及结构设计，体现出产品便携、美观、防护性好、工作可靠、操作方便、工作环境适应性强的特点。

（四）项目创新点概述

此项目建立了一种全新的快速测定原绒和洗净绒的净绒率、含粗率和杂质含量的分析方法，与传统人工分析方法相比，将分析时间缩短至 3 min，显著降低了分析成本，具有操作方便、无损、快速和精度高的优点，同时，建立了全新的扣水处理方法以消除水的影响，大大挺高了工作效率。

二、分析和讨论

（一）光谱采集

首先将按照国标 GB 18267—2013 测量后的已知净绒率的山羊洗净绒样品剪碎至 2 mm，样品预处理过程中应避免质量损失。然后将预处理后的样品放入旋转杯中进行近红外光谱采集，放入旋转杯中的样品底部必须与旋转杯底部的玻璃完全贴合不可出现空隙。每张光谱测量前都必须扫描参比，且每张光谱平均采谱次数设置值为 38 次；重复装样 3 次，每个样品获得 3 张光谱。将此 3 张光谱的平均光谱作为建模用样品光谱。在光谱采集过程中要求同一种样品重复装样的光谱平均标准偏差不大于 0.1%，如果超出这一范围需要重新测量，以避免由于人为误差引起的光谱偏差，掩盖羊绒粗毛间区分信息产生的光谱变化。光谱采集完成后将山羊绒样品用 A4 纸包好放入自封袋中以备后用。

（二）建模方法

采用常用的多元校正方法 PLS 方法建模。由于山羊洗净绒样品中存在杂质，杂质自身的信息响应将对羊绒与粗毛的区分信息产生影响。我们可以通过二维相关分析等方法选择相关的特征波长或波段。将全波段模型与特征波段模型进行对比来确定建模时是否可以使用特征波段建模。同时要寻找样品分布、环境等因素对模型性能的影响规律以及相应的数据处理方法。最后我们还将研究不同光谱预处理方法，例如：导数、多元散射校正、标准化、扣水等对定性模型的影响。

（三）样品光谱分析

对 60 个样品进行近红外光谱采集。随着净绒率的降低，山羊绒样品的谱图吸光度越高。对不同细度的羊绒与粗毛进行比较，其中最大标准偏差 0.036，平均标准偏差 0.0141。标准偏差图的形状与羊绒粗毛近红外谱图的形状十分相近，这说明不同粗细度的粗毛在光谱测量过程中会造成不同程度的光的散射，因此样品近红外谱图中的散射情况又可能包含了羊绒与粗毛的区别信息。

由于样品中含杂质较多，对杂草进行光谱采集时，在后续的建模过程中应尽量避开杂草的响应区域。对净绒率为 47.0759% 的样品分别用全波段模型和选波段模型进行预测。可以看出对于全波段模型，其稳定性不如选波段模型，因为样品成分复杂，杂质及噪声会对模型产生影响。应只选取羊绒与粗毛有区别的波段进行建模。

（四）样品分布的影响

使用全部样品建模的真实值——预测值回归曲线，可以看出，由于净绒率低于 20% 和高于 80% 的样品数量太少，对于净绒率低于 20% 和高于 80% 的样品预测不准确，而且模型的整体准确性也略差。

三、快速检测仪创新点

文章提出的基于 NIR 光谱信息结合化学计量学多元校正方法的原绒和洗净绒快速定量方法，主要是通过采集原绒或洗净绒的近红外光谱，将光谱信息与国标方法测定的净绒率的含量利用多元校正算法建立相关关系，即校正模型。再通过测量未知样品的光谱信息，利用已建立的校正模型进行预测，即可得知未知样品的净绒率等含量信息。与传统国标的手工方法相比，NIR 方法操作简单便捷，将分析时间缩短至 3 min，显著降低分析成本。另外，该方法不适用溶剂，具有绿色环保的特点。

该仪器除了检测山羊绒净绒率，还可在进一步建模的基础上检测油脂率、回潮率等项目，具有操作方便、无损、快速和精度高的优点。推广使用将节省大量人力物力，大大降低了原绒或洗净绒的分析成本，提高了原绒或洗净绒的分析效率，有助于该产业的发展。

第三节　如何鉴别羊绒的真假

随着羊绒制品的流行，制假、掺假的现象越来越严重，很多消费者难免会受到欺骗。为了提高消费者鉴别真假的能力，我们为大家提供了一些关于真假羊绒鉴定和简单识别的方法，供参考。

一、物理鉴别法

（一）光照透光性

将羊绒衫拿到通光处，对着光查看羊绒衫的密度，真的羊绒衫一般含绒量在 95% 以上，密度高，纹路清晰整齐，不易透出光纤。如果质量差，羊绒衫则密度松，且显得纹路杂乱无章，易透光。所以透光性是检验羊绒衫好坏的重要指标。

（二）掂重量

做完上一步，就可以用手掂一下重量，真的羊绒衫不会太重但不会太轻，太轻的用量可能大打折扣，制造密度不够，太重的则可能混有过多羊毛。

（三）摸手感

真羊绒比较柔软，然而纤维丝伪造的假羊绒大多比较粗糙。羊绒衫表面比普通羊毛摸起来更细腻，且平均细度在 14～16 μm 之间，有种丝滑的感觉，相当舒适。有些假的羊绒衫摸上去也很滑，但用两只手指揉搓还是很滑的话，很可能是涂了滑石粉的缘故，并不是真品。

（四）看弹性

将一部分羊绒衫抓在手心，检验其弹性。因为羊毛有毛的髓质，是实心的，所以弹性较差，而羊绒是无髓空心的，因此有糯米般的弹性，真的羊绒衫弹性恢复很快，而假的羊绒衫弹性恢复缓慢，且容易出现皱痕。

二、化学鉴别法

（一）用火烧

当真的羊绒燃烧时不仅会有蛋白质与火石的焦臭味，燃烧速度也很慢，且烧后成灰状，一碰即碎。而纤维丝伪造地烧完成胶状。

第十章

羊乳的鉴定方法

　　羊乳作为我国当前乳品市场上仅次于牛乳的第二大乳源，与牛乳相比，不仅具有营养丰富、蛋白质组成与人乳更为接近、易于人体消化吸收等特点，还具有抗氧化、低致敏性、修复和改善肠道功能以及抗菌、抗肿瘤等功能特性，有"奶中之王"的美誉，是牛奶过敏及乳糖不耐症等特殊消费人群的更优选择。未来随着人们对高营养高质量乳品需求的不断增长，羊乳及其制品会逐步在大众市场中被推广和普及。但与牛乳产业相比，我国现有的奶羊饲养模式仍存在饲养技术含量低、饲养规模小且分散、劳动生产率低以及环境污染不易解决等问题，需要投入更多的人力和资金来保障鲜羊乳的品质；同时羊的产乳期每年仅有 7 个月且产乳量远低于牛乳，因此羊乳的市场价格远远高于牛乳。由于羊乳与牛乳的表观特性相似度高，掺入少量牛乳的羊乳在感官及常规指标检测上是很难鉴定的，一些商贩、企业为了降低成本获得更高利润，存在把更廉价的牛乳掺入羊乳中的掺假行为。这些掺假行为不仅关系到消费者的身体健康，也会影响我国乳品产业的稳定发展，同时还可能涉及某些特殊的医疗掺假，这种行为已经成为羊乳产业快速发展中不可忽视的重要问题。因此，为了保障消费者的权益和羊乳产业的持续发展，建立羊乳中牛源性成分高效精准的检测体系对有效避免羊乳掺假行为的发生显得尤为重要。

第一节　掺假羊乳及其制品中牛乳的检测技术研究进展

一、以蛋白质为目标分析物的羊乳及其制品掺假牛乳检测

　　蛋白质是乳制品的主要组成成分，不同种属乳品所含蛋白质种类和数量均有不同。研究发现，羊乳中的总蛋白质含量略高于牛乳，但其蛋白质种类

与牛乳无明显差异。通过进一步分析羊乳与牛乳中不同种类酪蛋白发现，羊乳和牛乳中的 αS1- 酪蛋白和 β- 酪蛋白含量具有显著差异，其中 αS1- 酪蛋白含量分别为 5.6 和 38 g/100 g、β- 酪蛋白含量分别为 54.8 和 36 g/100 g，因此可以将牛乳中 αS1- 酪蛋白或羊乳中 β- 酪蛋白等作为检测指标，分析羊乳中的牛源性成分。目前，基于蛋白质的掺假检测方法主要有电泳分析法、免疫学法、高效液相色谱法、质谱法和红外光谱法。

（一）电泳分析法

电泳分析法是基于不同乳源特征蛋白质的分子量和等电点的不同，导致其在电场的作用下发生迁移的速率不同，进而区分不同乳蛋白，最终可通过形成的电泳条带辨别乳品的种属。常用的电泳分析法主要有：聚丙烯酰胺凝胶电泳 (polyacrylamide gel electrophoresis，PAGE) 等电点聚焦电泳 (isoelectric focusing，IEF) 和毛细管电泳 (capillary electrophoresis，CE)。使用 PAGE 法鉴定羊乳中掺入牛乳时，通常以牛乳中的 αS1- 酪蛋白为检测蛋白，羊乳中掺入牛乳的比例越高，αS1- 酪蛋白的迁移速率越大。IEF 法是欧盟推荐使用的鉴定非牛乳制品中牛乳成分的方法，该方法通过检测乳中 γ2- 酪蛋白和 γ3- 酪蛋白的等电点值，来区分不同乳种。CE 是一种无须载体的电泳法，能准确分离乳中酪蛋白和乳清蛋白。TRIMBOIL 等建立了一种基于脱脂羊乳蛋白特异性 CE 峰的检测方法，通过线性回归模型分析可以快速地识别掺入羊乳中的高于 5% 的牛乳成分。石燕等以牛羊乳中具有不同表型的 β- 乳球蛋白、αSl- 酪蛋白和 κ- 酪蛋白为基础，利用 CE 法分离牛羊混合乳中各种乳酪蛋白，最低可检测到羊乳中 2% 牛乳成分。

（二）免疫学检测法

免疫学检测法是一种通过放大特定抗体与乳清蛋白或酪蛋白特异性结合时产生的信号来鉴别不同乳源的方法。酶联免疫吸附法 (enzyme linked immune sorbent assay，ELISA) 因其具有灵敏度高、易于操作、可自动化分析等优势在羊乳掺假检测技术中脱颖而出。使用 ELISA 法对鲜羊乳或冷冻羊乳进行掺假牛乳检测时，一般以不易在乳中发生水解的免疫球蛋白 G(IgG) 为特异性抗体。HURLEY 等已通过制备单克隆和多克隆抗牛 IgG 抗体，创新出竞争型 ELISA 法和夹心 IgG ELISA 法，2 种方法可快速、灵敏检测出羊乳中的牛乳掺假，最低检测限分别为 0.1% 和 0.01%。赵芳等以牛乳中 IgG 为检测对象，开发出了一种竞争型免疫层析法，在 10 min 内可以检测到羊乳中牛乳成分，最低检出限为 2%。

（三）高效液相色谱法

高效液相色谱法 (high performance liquid chromate graphy，HPLC) 以不同种属乳品中乳清蛋白的保留时间差异为基础，通过色谱分辨乳品种属或检测其是否掺假。雷颖颖等利用 HPLC 法分离出羊乳中的 5 类主要蛋白，创新出一种羊乳乳源指纹图谱与主成分分析法结合的方法评价羊乳品质。杜晞等利用 HPLC 法分离乳清蛋白中的 β 乳球蛋白，并对色谱峰面积分析，可检出 10% 的牛乳成分。FERREIRA 等对 $\beta-$ 乳球蛋白进行了反相高效液相色谱分析，用于检测和定量牛、山羊和羊的混合乳，最终可在 5% ～ 95% 的浓度范围内定量不同乳种。

（四）质谱法

质谱分析法的检测原理是根据不同乳品中所含多肽或蛋白质的不同进行种属鉴别。由于其对蛋白质质量测定和结构信息解析方面的优越性使得其在掺假羊乳检测中具有较好的适用性。CALVANO 等使用基质辅助激光解吸 / 电离飞行时间质谱 (matrix-assisted laser desorption/ ionization time of flight mass spectrometry，MALDI-TOF/MS) 通过评估肽谱中的物种特异性标记来检测牛奶掺假，MALDI-TOF/MS 鉴定了牛奶的 7 个主要标记肽和羊奶的 2 个标记肽，可在掺假 5% 牛乳的羊乳中检测到 4 个牛奶标记肽。NICOLAOU 等利用 MALDI-TOF/MS 检测和定量不同浓度的牛和山羊、绵羊的混合乳样，通过偏最小二乘法和最小二乘法分析 MALDI-TOF/MS 法测定牛羊乳混合掺假误差为 2% ～ 13%。液质联用 (liquid chromatography-mass spectrometry，LC-MS) 也应用于识别和定量一些牛奶组分和检测乳制品的掺假。GUARINO 等利用液相色谱 / 电喷雾串联质谱分析山羊奶酪和奶牛奶酪酪蛋白提取物中的肽，建立了一种量化羊奶含量的方法。该方法可以检测羊奶酪中 50% 的牛乳成分，也可检测奶酪中高于 2% 的羊奶成分。通过检测 4 种酪蛋白和 2 种乳清蛋白的特征肽，建立了评估山羊或绵羊乳清和婴儿配方奶粉掺假成分的 UHPLC-MS/MS 方法，可以检测到掺假乳 (乳粉) 中 10% 的牛源性成分。姜敏等采用超高效液相色谱——四极杆 / 静电场轨道高分辨质谱技术建立牛羊乳掺假的筛查和定量方法，可以检测出牛羊混合乳中 1% 以上的牛源性成分。

（五）近红外光谱法

近红外光谱分析方法是一种可同时多组分快速、无损地分析样品的新兴技术，目前主要应用于食品、化工和制药领域。近红外光谱可以反映出被扫描样品混合物的组成和有机化合物的分子结构。近红外光谱技术在对样品进行定性定量分析时，须与化学计量学软件结合构建分析模型，是一种间接分析技术。褚莹等利用近红外光谱技术结合主成分分析、神经网络和偏最小二乘法建立了区分掺假乳与纯羊乳的两类分析模型和六类掺假羊乳的定量判别模型。邹婷婷等用近红外光谱结合向量模型对掺入牛乳清粉的羊乳粉进行分析，通过偏最小二乘法对比后得出该模型可检测出羊乳粉中 0.1 ～ 0.3 ng 的牛乳清粉。DOS SANTOS 等采用近红外光谱法和偏最小二乘法对添加牛乳的羊乳掺假进行了鉴定和定量，偏最小二乘判别分析法 (partial least-squares discrimination analysis，PLS-DA) 能够鉴别羊乳中 1% 牛乳成分。综上所述，基于乳中蛋白质差异所使用的电泳法、免疫分析法和色谱法等分析检测技术已成功应用于原料乳及乳制品的掺假鉴定。市售乳品为延长保存期大多都经过了高温高压的灭菌处理，部分乳制品还添加了各类食品添加剂，乳中多数蛋白质在加工处理过程中结构和稳定性会发生改变，不同乳品所特有的蛋白质或抗原决定部位也会随之改变，因此基于蛋白质的检测方法对于市售乳品的检测结果缺乏准确性。另外，对于像牛和水牛、山羊和绵羊等这类亲缘关系较近的物种，蛋白质检测法可能存在一定的局限性，无法准确检测。

二、以脂肪酸为目标分析物的羊乳及其制品掺假（牛乳）检测

羊乳与牛乳的总脂肪含量相差不大，但不同种类脂肪酸的含量不同，其中长链脂肪酸（$C_{16:0}$ 和 $C_{18:0}$）不饱和脂肪酸（$C_{18:1}$ 和 $C_{18:3}$）含量均低于牛乳，短链脂肪酸（$C_{6:0}$、$C_{8:0}$、$C_{10:0}$ 和 $C_{12:0}$）含量显著高于牛乳。基于脂肪酸差异鉴定羊乳中掺假牛乳主要是通过气相色谱法检测乳中 C_{12}/C_{10} 比值来定量鉴定羊乳中的牛乳成分。通过气相色谱检测发现，羊乳及羊乳酪的 C_{12}/C_{10} 的比值分别为 0.46 和 0.58，牛乳的 C_{12}/C_{10} 的比值为 1.16，且牛羊混合掺假乳中 C_{12}/C_{10} 比值随牛乳含量的增加而增加，利用 C_{12}/C_{10} 比值可以检测到羊乳中 15% 以上的牛乳掺假。但对羊乳中牛乳掺假检测技术而言，该方法的灵敏度显著低于基于蛋白质或核酸的检测技术，也不适用于羊乳掺入脱脂牛乳的检测，所以没有在羊乳掺假中得到广泛研究和应用。

三、以核酸为目标分析物的羊乳及乳制品掺假（牛乳）的检测

核酸具有丰富的遗传信息，广泛存在于动植物细胞和微生物体内，其序列具有高度的保守性和特异性，且耐热性和稳定性都高于蛋白质，在乳品掺假检测中具有明显优势。当乳品存在外源性掺假时，该外源物质的种属特异

性 DNA 也会随之引入。以核酸为基础的检测方法主要是通过检测不同物种特异性 DNA 的特定片段来实现对物种间外源性蛋白的间接检测，具有高度的准确性和灵敏度，常见的核酸检测方法有聚合酶链式反应 (polymerase chain reaction，PCR)、定量 PCR(quantitative PCR，qPCR) 和等温扩增技术等。

（一）聚合酶链式反应

1985 年自 Mullis 发明 PCR 技术后 PCR 技术便逐渐发展壮大，它的基本原理是以微量的 DNA 片段为模板，在耐热性 DNA 聚合酶和特异性引物作用下，通过碱基互补配对在短时间内复制出大量的 DNA 拷贝，完成目标 DNA 序列的体外核酸扩增。PCR 法因其特异强、灵敏度高、易于操作等特点受到科学界的认可。乳汁中的体细胞是良好的物种基因组 DNA 来源，这成为使用 PCR 技术鉴别乳品掺假的必要前提条件。通过 PCR 技术利用牛或羊的特异性引物进行单重或双重 PCR 检测，可以短时间内完成从乳中提取 DNA 的大量扩增，再通过琼脂糖凝胶电泳观察结果对乳的种属进行鉴别。GOLINELLI 等设计出牛、羊在线粒体 12S rRNA 基因的特异性引物，通过双重 PCR 能够检测出山羊奶酪配方中添加的 0.5% 牛乳成分。DENG 等基于山羊线粒体的 D-LOOP 基因和牛线粒体的 16S-RNA 基因设计了双重 PCR 反应特异性引物，用于筛查羊奶中掺入的牛乳，该方法可以检测原料混合乳中 0.1% 的牛乳和巴氏杀菌或超高温杀菌混合乳中 0.2% 和 0.5% 的牛乳成分。

（二）定量 PCR

普通的 PCR 技术只能获得定性结果，到 20 世纪末，随着生物荧光技术和分子生物学的发展，qPCR 应运而生。qPCR 技术的原理是通过向 PCR 反应体系中加入荧光染料或荧光探针，在 PCR 反应过程中实时监测不断积累的荧光信号，最后结果与标准曲线对比从而进行未知模板的定量分析。与 PCR 技术相比，qPCR 无须对 PCR 产物进行琼脂糖凝胶电泳检测，且可同时实现对目标物质的定性定量分析。常见的 qPCR 技术主要包括 TaqMan qPCR 技术和 SYBR Green qPCR 技术。前者在 PCR 体系中加入特异性荧光探针，该探针两端分别具有报告荧光基团和淬灭荧光基团的性能，报告基团和淬灭基团随着 PCR 扩增发生分离生成荧光信号，从而达到实时检测的效果。SYBR Green qPCR 是在 PCR 体系中加入荧光染料，其在游离状态下发出的荧光强度很弱，但当其与双链 DNA 结合后荧光信号随着目标 DNA 的扩增而增强，实现对目标核酸的实时监测。GUO 等以牛和羊的物种保守性和特异性荧光探针为引物，开发并验证了一种三重 TaqMan qPCR 方法，可在消除假阳性的同时检测到 0.005 ng 的羊 DNA 和 0.01 ng 的牛 DNA。基于内源控制和物种特异性 TaqMan 荧光探针，使用三重 TaqMan real-time PCR 法检测牛羊混合乳中牛、绵羊和山羊的 DNA，其检出限分别为 0.00025、0.005 和 0.01 ng。宋宏新等选取牛和羊的特异性引物通过 SYBR Green qPCR 法，最低可检测出新鲜羊奶中 2.5% 的牛乳成分。LIAO 等基于牛线粒体细胞色素 b 基因，采用常规 PCR 法和 SYBR Green qPCR 法检测山羊乳中的牛乳掺假，常规 PCR 的检出限为 0.1%，SYBR Green qPCR 的检出限为 0.5%。

（三）等温扩增技术

核酸等温扩增技术是一类分子生物学技术的总称，它能在某一特定的温度下扩增特定的 DNA 或 RNA 片段。与 PCR 技术相比，核酸等温扩增对仪器的要求低、反应时间短，更能满足快速便捷的检测需求。常见的等温扩增技术有环介导等温扩增 (loop-mediated isothermal amplification，LAMP)、滚环扩增和快速等温检测放大技术等，其中 LAMP 的应用最为广泛。LAMP 技术是 2000 年日本研究员 Notomi 等发明的一种新型体外等温扩增特异性核酸片段技术，该技术主要利用 4 个特异性引物识别 6 个不同的靶 DNA 模板序列以及 2 个附加引物来加速 LAMP 反应，因此它具有高度特异性，能灵敏地实现不同物种的检测。澹台玮等设计牛和羊的特异性引物，通过 LAMP 技术，在牛羊乳混合样品中可检测到高于 1% 的牛乳，实现了掺假羊乳中牛乳成分的快速检测。张文娟等通过对牛引物的设计优化，建立了基于高分辨熔解的双重 LAMP 法用于掺假羊乳中牛乳成分的检测。DEB 等建立了一种用于快速检测羊奶或羊肉样品中掺假奶牛 DNA 的 LAMP 方法，可以在 100 min 内检测到在羊奶或羊肉样品中掺入的至少 5% 的牛奶成分。KIM 等使用双重 LAMP 结合直接扩增技术，可以现场检测到 0.1 和 1 pg 牛和山羊的 DNA，实现牛羊混合乳中 2% 以上的牛源性成分检测。

四、其他羊乳及其制品掺假（牛乳）的检测方法

电子鼻技术是 20 世纪末发展起来的一种快速检测食品的新型仪器，它通过模拟哺乳动物嗅觉的形成过程，使用电化学传感器对复杂气味和挥发性化学物质产生感应并将其转化为电信号，用多元统计方法对得到的数据进行处理，实现对待测样品的分析、识别和评价。金嫘等通过电子鼻系统检测掺入不同比例牛乳的牛羊混合乳中挥发性物质的响应值，采用主成分分析法和线性判别分析法均能有效区分羊乳中混入的不同比例牛乳，最低检测限为 5%。

贾茹通过电子鼻对羊奶中的多组分混合掺假进行识别，根据不同感器对同一个羊乳样品响应不同、不同类型乳样有不同响应图谱进行鉴别，得出电子鼻可以对混合掺假奶样进行准确预测的结论。电子舌是在电子鼻之后的又一新兴检测技术，它是一种液体分析仪器，由传感器阵列、信号采集系统、模式识别系统3部分组成。其通过36个模拟人味觉的电子探头对样品进行辨别和分析，现已逐渐成为检测食品掺假、真伪、药品残留的有效工具。DIAS等通过电子舌结合线性判别分析法，建立了能够区分羊乳和牛乳的模型，实验结果显示该模型对未知乳样品的分类准确率分别为87%和70%。TAZI等采用电子舌技术与主成分分析和线性判别分析相结合法，对牛羊乳进行检测，通过2种分析方法的交叉验证，该方法对牛乳和羊乳鉴定的正确分类率分别达到95.7%和87.1%。韩慧等采用电子舌结合主成分分析法，检测到混合乳样中10%的牛乳成分，得出电子舌可以有效区分羊乳中不同浓度牛乳的结论。采用电子舌检测系统对6种不同比例的掺假羊奶进行检测分析，利用该主成分分析方法可以有效识别不同掺假羊奶，准确率可达到100%。电子舌技术已经在食品掺假鉴别领域得到了广泛应用，在对羊奶掺假检测的研究中，通常会与电子鼻结合使用。

五、羊乳及其乳制品掺假牛乳的检测方法比较

综上所述，现阶段以蛋白质、核酸和脂肪酸等检测物为基础的羊乳中牛源性成分掺假检测技术已经相对完善，但各类方法仍存在一定的优点和局限性。分析结果见表10-1。

表 10-1 羊乳及其制品中掺假检测方法比较

	方法	检测特点	优点	缺点	最低检测限
以蛋白质为目标分析物	电泳分析法	基于乳中蛋白质分子量、等电点的不同在电场作用下区分不同蛋白	成本低、可操作性强、反应速度快	重现性差、结果不精确	2%
	免疫学法	通过放大抗原和抗体特异性结合产生的信号进行检测	特异性强、灵敏度高、可制成快速检测产品	半定量检测、特异性抗体制备困难	0.01%
	高效液相色谱法	利用样品中各组分的性质差异进行检测	分离度高，可以检测到微量元素	成本高、检测速度慢，色谱图谱分析复杂	5%

	方法	检测特点	优点	缺点	最低检测限
以蛋白质为目标分析物	质谱法	基于不同乳品中所含多肽或蛋白质的不同进行种属鉴别	灵敏度高、特异性好	成本高、数据分析难度高	1%
	近红外光谱法	利用不同物质有不同的红外吸收光谱进行检测	可同时进行多个成分的定性定量，准确性高	成本高、需建立数据分析模型	1%
以脂肪酸为目标分析物	气相色谱法	基于不同脂肪酸在不同种属乳的含量不同进行分析	可以准确检测乳中不同脂肪酸含量	灵敏度低，成本高，操作复杂	15%
以核酸为目标分析物	PCR	通过扩增目标DNA片段，采用电泳进行定性分析	特异性强、灵敏度高、反应速度较快	结果不能直接呈现，只能定性不能定量	0.10%
	qPCR	通过检测PCR过程中荧光信号的积累，对核酸进行定性定量分析	特异性强、灵敏度高、反应速度较快，可以同时定性定量	探针法成本高，探针设计复杂	0.10%
	LAMP	等温条件下快速高效地进行DNA扩增反应	扩增效率高、反应灵敏，操作简便，可用于户外检测	引物设计复杂，易出现假阳性	1%
其他	电子鼻和电子舌	模拟哺乳动物嗅觉和味觉的形成过程，使用电化学传感器对待测样品进行检测	响应时间短、检测速度快，能灵敏检测到人们不能感知的气味	涉及专用仪器及分析设备、检测时间长、测试成本高	5%

第二节 商品羊奶中DNA的质量评价及牛源性成分掺假检测

近年来，羊奶及其产品的生产和消费迅速增加，众多品牌纷纷进入市场，使市场呈现出大规模羊乳产品递增趋势，调查数据显示2030年羊奶产量将再增加53%。由于羊奶脂肪分子小、易消化、低过敏性以及一些功能特性吸引了更多消费者，羊奶及其产品的需求量明显增加。奶粉由于含水量低且无须冷藏，具有较长保存期、易于储存和运输等优点，在国际乳品贸易中占比份额较大。

羊奶是一种季节性强和产量低的产品，而牛奶的价格低廉，促使国内外羊奶粉真实性或牛乳成分污染检测成为羊奶产品质量检测中的重点检测项目之一。

目前，基于 DNA 的检测方法已逐渐取代了基于蛋白质的检测方法。因为 DNA 与蛋白质相比，其耐热性更强，在大多数生物体细胞中均存在且不受物质形态的影响。在 DNA 的分析方法中，PCR 由于特异性好、灵敏度高已经被广泛应用。

一、材料

纯羊奶粉或配方羊奶粉。

二、试剂与仪器

试剂：十二烷基磺酸钠（SDS）；三羟基氨基甲烷平衡酚、氯仿、异戊醇、无水乙醇；DNA 缓冲液、琼脂糖、DNA 聚合酶、蛋白酶 K、核酸染料；引物（ATP–6 和 12SBTREV）。

仪器：超微核酸分析仪；梯度 PCR 仪、实时荧光定量 PCR 仪，凝胶成像仪；高速冷冻离心机；台式小型离心机；数显恒温水浴锅；水平电泳仪。

三、羊奶粉中 DNA 的提取

称取 1 g 羊奶粉样品加入 9 mL 蒸馏水溶解均匀 5000 r/min 离心 10 min，弃去上层清液，加入 600 μL 磷酸盐缓冲液（phosphate buffer saline，PBS）充分混合，12 000 r/min 离心 10 min，弃去上层清液，保留底部沉淀。向上述沉淀物中加入 350 μL DNA 提取缓冲液，50 μL SDS 和 20 μL 蛋白酶 K，混合均匀后置于 56℃恒温条件下水浴 4 h。加入 500 μL DNA 提取酚试剂充分混匀，12 000 r/min 离心 10 min；取上清液加入等体积 25∶24∶1 的 DNA 提取酚：氯仿：异戊醇混合液萃取 1 次，12 000 r/min 离心 10 min；再取上清液加入等体积 24∶1 的氯仿：异戊醇混合液萃取 2 次，12 000 r/min 离心 10 min；再取上清液加入 2 倍体积无水乙醇，12 000 r/min 离心 10 min，弃去上清液，加入 75% 乙醇沉淀 DNA，离心 5 min 后弃去乙醇溶液，将液体晾干，最后加入 30 μL TE 溶液溶解 DNA 沉淀。

四、DNA 含量、纯度以及 PCR 扩增效果检测

采用超微量核酸分析仪测定总 DNA 浓度和纯度。吸取 1 μL TE 缓冲溶液

作为空白对照，同样吸取 1 μL DNA 样品测定读取质量浓度（ng/μL）和纯度。将提取的羊奶粉 DNA 用 1% 的琼脂糖凝胶在 110 V 下电泳 40 min，在凝胶成像仪下观察 DNA 的完整性。利用线粒体引物 ATP-6 进行普通 PCR 扩增，以检验提取出的可扩增 DNA 的质量。

PCR 反应体系：3.4 μL 聚合酶，引物各 0.3 μL，DNA 模板 1 μL，加入 ddH₂O 补齐至 10 μL。PCR 扩增条件：在 95℃ 预变性 5 min；94℃ 变性 30 s，60℃（12SBT-REV）/58℃（ATP6）退火 30 s，72℃ 延伸 30 s，重复 30 个循环；最后在 72℃ 总延伸 10 min。PCR 反应产物使用 1% 的琼脂糖凝胶在 110 V 下电泳 40 min 后，在凝胶成像仪紫外光下观察并拍照。

五、实时荧光定量 PCR 定量检测羊奶粉产品中的牛乳成分

将纯牛奶粉分别按照 0.1%、0.5%、1%、5%、10%、30% 和 50% 的比例与纯羊奶粉混合均匀以制备掺假模型标准曲线。从制得的二元混合物中提取 DNA，并使用牛的引物对 12SBT-REV 在上述实时荧光定量 PCR 反应条件下进行定量检测，再将经过普通 PCR 定性检测出的掺假羊奶粉以同样的实时荧光定量 PCR 条件进行定量检测。

六、普通 PCR 检测羊奶粉掺假（牛乳）成分

将纯牛奶粉以 0.01%、0.1%、0.5%、1%、5%、10%、30% 和 50% 的比例与纯羊奶粉混合均匀，并从中提取 DNA。以牛特异性基因 12SBTREV 为目的基因，使用上述 PCR 反应体系及条件，经过琼脂糖凝胶电泳后，在凝胶成像仪下拍照。采用牛特异性目的基因 12SBT-REV 进行普通 PCR 扩增，检测羊奶粉产品中的牛乳成分。

第三节　羊乳制品掺假检测技术研究进展

我国羊乳源主要集中在陕西、山东等省，奶山羊存栏量有限，且泌乳期短、产量低，冬季为奶山羊干奶期，一天产量只有 5 kg 左右。近年来，羊乳的价格高于牛乳，使得一些商家在利益驱动下将牛乳掺入羊乳中。这种现象会扰乱乳制品市场，进而制约乳制品行业的发展，因此对羊乳掺入牛乳检测技术深入研究十分必要。目前常用于定量检测牛羊乳混掺的方法都是以其中蛋白

质、脂肪、DNA、维生素等为特征指标建立的。

目前，羊乳中掺入牛乳检测主要依据牛乳、羊乳各营养成分的差异展开，包括蛋白质与氨基酸、脂肪与脂肪酸、β-胡萝卜素以及DNA分子的差异等。基于不同差异，得到了不同的检测方法，包括：基于牛羊乳中蛋白质分子构成不同的反相高效液相色谱、电泳、质谱及酶联免疫法（EnzymelinkedImmune Sorbent Assay，ELISA）等；基于牛羊乳脂肪酸组成差异的色谱、色谱-质谱联用等检测方法；基于牛羊乳氨基酸及维生素差异的荧光光谱检测方法；基于牛羊乳中DNA差异的聚合酶链式反应（Polymerase Chain Reaction，PCR）等分子生物学检测方法。此外，最新的非线性化学指纹图谱技术、电子鼻等应用，也为羊乳中掺入牛乳检测提供了可靠支持。

一、羊乳掺假的检测方法

（一）羊原料乳掺入牛乳检测方法

1. 普通PCR检测方法　主要利用牛特异性引物与羊特异性引物进行双重PCR检测，再用琼脂糖凝胶电泳分析，在凝胶成像分析系统观察结果。

2. 荧光定量PCR检测方法　主要选取牛、羊线粒体基因的特异性引物，以新鲜牛、羊乳样品提取模板DNA，建立了基于DNA结合染料的实时荧光定量PCR方法。

3. 免疫层析试纸法　主要以牛乳 $\alpha s1$-酪蛋白及牛乳 β-乳球蛋白为检测对象，制备两者的特异性抗体，建立双联胶体金免疫层析试纸条，用于羊乳掺入牛乳检测。

4. 间接ELISA定量检测方法　主要以牛乳中 β-酪蛋白作为抗原产生多克隆抗体，并对抗体加以修饰，建立适合现场快速检测的羊乳中掺入牛乳含量的ELISA方法。

5. 高效液相色谱法　主要利用不同种类乳中乳清蛋白的保留时间不同定性分析乳的种类，根据峰面积进行定量检测其含量，可检出至少10%的牛乳掺入。

（二）羊乳制品掺入牛乳检测方法

1. 离子交换色谱法　以离子交换为基础结合液相色谱快速分析不同种类乳制品中的蛋白，离子交换后的酪蛋白可以与免疫学法ELISA相结合，对乳及乳制品进行鉴定。

2. 基于毛细管电泳的乳蛋白掺假检测方法　利用毛细管区带电泳检测羊

乳产品中掺入的牛乳成分，其中牛乳的定性和定量检测依据乳中是否存在特异性乳清蛋白，电泳检测峰具有很高的分辨率，最小检出量在乳混合物中体积分数为 2%，在乳酪中体积分数为 4%。

3. **等电点聚焦法**　欧盟推荐鉴别非牛乳乳制品中含有牛乳的方法，主要用血纤维蛋白溶酶对乳及乳制品中的 $\beta-$ 酪蛋白水解对其水解产物 $\gamma2-$ 酪蛋白和 $\gamma3-$ 酪蛋白标记，并检测这两种酪蛋白的等电点值，根据等电点值大小检测不同种类的乳源成分。

4. **酶联免疫法**　可以用来鉴别掺有乳源成分的羊乳及羊乳制品，如掺有牛乳的绵羊和山羊乳酪（检测限为 0.1%～1% 牛乳）、羊乳掺入牛乳检测方法比较等。

目前，羊乳掺入牛乳检测方法手段多样且繁杂，但主要分为两大类，即短时间（0.5～1.5 h）检测法和长时间（1.5～5.0 h）检测法。通过比较这两大类方法的检测时间、准确度和成本，对主要牛羊乳掺假检测方法进行简要归类和分析。

（三）羊乳掺入牛乳检测方法时间比较

1. **短时间牛羊乳混掺检测方法**

（1）胶体金免疫层析技术

薛海燕等以牛乳 $\alpha s1-$ 酪蛋白及牛乳 $\beta-$ 乳球蛋白作为胶体金免疫层析中所应用的抗原，制备相应多克隆抗体，利用该技术制备的试纸条进行检测，检测时间仅需 5～15 min，即可通过颜色变化来判断羊乳中是否掺有牛乳。

（2）电子鼻

电子鼻方法鉴定羊乳掺假是主要的短时间检测方法，测定时间 40 min 以内。贾茹等利用电子鼻结合化学计量法对羊乳中的蛋白质掺假进行定性和定量研究，鉴定时电子鼻在 25℃平衡 30 min，然后进行测量，检测时设定样品准备时间 5 s，检测时间 60 s，测量计数 1 s，自动调零时间 10 s，清洗时间 5 min。金嫘等通过电子鼻系统检测在羊乳中掺入不同比例的牛乳混合物中挥发性物质响应值，发现对于生乳和巴氏杀菌乳主成分分析和线性判别分析均能够区分羊乳中混入的不同比例牛乳，具有较好的区分性。鉴定时样品于 20℃平衡 5 min，电子鼻测定条件为传感器清洗时间 5 min，传感器归零时间 10 s，样品准备时间 5 s，每次分析用时 1 min 左右。

（3）高效液相色谱法

高效液相色谱法鉴别牛羊乳混掺的时间也较短，为 0.5～1.5 h。以 $\beta-$ 胡萝卜素的含量作为特征指标，通过 HPLC 检测羊乳中掺入牛乳的定量分析方法，前处理皂化、离心约 1 h，色谱分析约 30 min，可准确地定量检测羊乳中掺入牛乳的比例。杜晞等采用电泳和高效液相色谱联用检测水牛乳中掺入的普通牛乳，该方法分析了两种乳的乳清，方法需要样品少，分离效果好，易定性，分析时间短（30 min 内），且聚丙烯酰胺凝胶电泳方法能检测到掺入 1% 的牛乳。

（4）酶联免疫法

由于检测形式不同，ELISA 法鉴别牛羊乳混掺的时间差异比较大，一般在 1.5 h 以内，偶有超过 1.5 h。薛海燕等以牛乳中 β- 牛酪蛋白作为抗原产生多克隆抗体，并对抗体加以修饰，建立了适合现场快速检测的羊乳中掺入牛乳含量的 ELISA 方法，除样品预处理需要 30 min 外，其余检测步骤可在 10 min 左右完成。依据 ELISA 法检测原理，现有研发出的系列检测试剂盒及快速检测条可供生产中快速检测羊乳掺假，其中原料乳检测用时 90 min、乳制品（酸乳、乳酪等）检测用时 150 min、快速检测条 5 min，检出限分别为 0.1% 牛乳、0.5% 牛酪蛋白及 0.5% 牛乳成分。

2. 长时间牛羊乳混掺检测方法

（1）PCR 等分子生物学技术

PCR 等分子生物学技术方法检测牛羊乳混掺的时间需要 3 ~ 5 h。宋宏新等根据牛、羊的线粒体 12S rRNA 基因将靶基因设计合成两对特异性引物，建立了羊乳中掺入牛乳的双重 PCR 检测方法，此过程提取 DNA 预处理约 1 h，之后采用检测试剂盒快速法用时 10 min、磁珠法 1.5 h，再进行 PCR 扩增 35 min，扩增后进行琼脂糖凝胶电泳，30 ~ 60 min，EB 染色 30 min，灭菌双蒸水脱色 10 min，最终置凝胶成像分析系统观察结果。建立基于染料的实时荧光 PCR 法对羊乳制品中牛乳成分进行掺假鉴别检测，该过程中脱脂样品制备 1.5 h，DNA 提取 20 min，荧光定量 PCR 反应 20 min，琼脂糖凝胶电泳 1 h。

（2）非线性化学指纹图谱

利用非线性化学指纹图谱法检测牛羊乳混掺消耗的整体时间较长，樊成等通过对牛、羊乳建立的非线性化学指纹图谱各个参数进行单因素方差分析，发现两类图谱的诱导时间和最高电位时间具有极其显著差异，此方法需要 1.5 ~ 3.0 h 可获得结果。鲁利利等以非线性电化学指纹图谱技术鉴别羊乳和牛乳及其产地，通过指纹图谱直观特征鉴别羊乳和牛乳，图谱用时 1.5 ~ 3.0 h。通过气质联用技术建立指纹图谱对牛羊乳及其制品的脂肪酸组分进行分析测定，发现癸酸是两者差异最大的脂肪酸，整体耗时 3 ～ 4 h。

（二）羊乳掺入牛乳检测方法准确度的比较

1. 短时间快速处理方法准确度分析

（1）胶体金免疫层析技术

胶体金免疫层析技术是一种较为简便、快速的技术。以牛乳 $\alpha s1-$ 酪蛋白及牛乳 $\beta-$ 乳球蛋白为检测对象，用于快速检测羊乳中掺入的牛乳，用试纸条检测样品结果显示，当牛乳掺入量为 5% 时试纸条即显色，但牛乳掺入量低于 5% 时不显色，故试纸条的最低检测限为 5%。赵芳等以牛免疫球蛋白 G 为检测对象，建立了检测羊乳中牛乳成分的竞争免疫层析法，可以检测出含有 2% 牛乳的羊乳，受基质干扰较小。

（2）电子鼻

电子鼻系统是一种新型的快速检测手段，广泛应用于现场在线检测羊乳掺假。贾茹等利用电子鼻结合化学计量法对羊乳中的蛋白质掺假进行定性和定量的研究，采用 PCA 和 LCA 都能区分样品掺假，线性回归分析的决定系数为 84.5%，线性判别分析的原始分类正确率达到 100.0%、交叉验证正确率为 98.2%，K- 最邻近值分析对训练集的分类正确率达到 95.1%、对验证集分类正确率为 97.1%。

（3）高效液相色谱法

HPLC 的应用在鉴别牛羊乳混掺方面也有较高的准确度。李宝宝等利用牛乳中 $\beta-$ 胡萝卜素含量远高于羊乳的原理，建立了一种以 $\beta-$ 胡萝卜素含量为特征指标的 HPLC 检测牛羊乳混掺的定量分析方法，以 $\beta-$ 胡萝卜素为指标的样品加标回收率为 89.46% ～ 98.19%，相对标准偏差为 1.50% ～ 2.79%，牛、羊乳中 $\beta-$ 胡萝卜素含量范围分别为 0.08 ～ 0.13 μg/g 和 1.9×10^{-3} ～ 2.2×10^{-3} μg/g，线性相关系数为 0.9958 ～ 0.9988，盲样验证的相对误差为 2.20% ～ 4.75%。

（4）酶联免疫法

ELISA 在检测牛羊乳混掺方面有着多样的形式，准确度也有所差异。薛海燕等利用间接 ELISA 方法，以 $\beta-$ 酪蛋白作为基础检测羊乳中掺牛乳，得到最低检出限为 4%，方法变异系数 < 5%，回收率在 94% ～ 105% 之间。利用牛乳中 $\beta-$ 乳球蛋白和 $\gamma-$ 酪蛋白与羊乳中含量的差异，检测出山羊和绵羊乳酪中添加有 0.1% 的牛乳。张世伟等采用制备抗牛免疫球蛋白 G 多克隆抗体和高特异性单克隆抗体，构建双抗夹心 ELISA 方法，灵敏度为 0.1 μg/mL，添加回收率在 95% ～ 105% 之间，相对标准偏差小于 12%。

2. 长时间处理方法准确度分析

（1）PCR 等分子生物学技术

基于 DNA 的 PCR 检测技术有较强特异性，目前已有较多羊乳中掺入牛乳的 PCR 检测方法，且都有较高的准确性。黎颖等分别对羊乳中掺入牛乳和水牛乳的检测方法进行研究，在羊乳及其制品中掺入牛乳的检测限为 1%，在巴氏杀菌羊乳、高温杀菌液态乳和干酪中的检测限为 5%，在酸乳中的检测限为 10%。利用 PCR 方法对羊乳制品中牛乳成分的掺假进行鉴别检测，可定量检出新鲜羊乳中掺入 2.5% 的牛乳成分，基于磁珠法提取 DNA 的 PCR 检测方法检测限达 1%。Liao 等实现了普通 PCR 和定量 PCR 对羊奶粉中掺入牛奶粉的定性、定量检测，检测限为 0.1%。

（2）非线性化学指纹图谱技术

非线性化学指纹图谱技术作为一种对样本进行整体综合分析的新方法，准确度较高。王二丹等利用非线性化学指纹图谱信息回归法测定了多种混合乳标样中掺杂牛乳的含量，得到各种牛乳含量测定结果的相对标准偏差 ≤ 2.1%，回收率为 97.3% ～ 102%，方法重现性好、准确度高。鲁利利等利用非线性电化学指纹图谱技术对羊乳和牛乳及其产地进行鉴别区分，结果表明，不同产地的羊乳或牛乳可利用系统相似度模式识别，用系统相似度模式鉴别乳制品产地的准确度 ≥ 91.9%，平均准确度达到 94.3%；鉴别乳制品种类的准确度 ≥ 94.6%，平均准确度达到 98.5%。通过统计学分析方法从鲜乳的非线性化学指纹图谱的诸多参数中筛选出牛羊乳之间具有差异的 4 项参数指标，其中停振时间和最大振幅具有显著差异，而诱导时间和最高电位时间则具有极显著的差异，得到的牛羊乳含量比值与最高电位时间具有很好的数学回归方程，经 R2 方程检验合理可靠。

3. 羊乳掺入牛乳检测方法成本的比较

在时间基本相同的情况下，电子鼻、HPLC 和 ELISA 三种较为快速的处理检测方法的检测成本稍有区别。电子鼻作为新兴仪器设备拥有较低廉的检测价格，相较于色谱仪器，具有响应时间短、检测速度快、相对成本较低，不需前处理试剂等优点，但其应用主要集中在实验室阶段，有待解决的主要问题有设备成本高、取样浓缩装置大等。HPLC 检测牛乳中残留物质具有快速、精密度高、检测限低和多联检测等优点，其进样体积小、分离快、溶剂消耗少，可节约检测样品，减少消耗成本，但设备及其配置费用高昂、体积较大、移动性差，对样品检测时需要进行烦琐的预处理，因此难以应用于实际工业生产。

ELISA 在当前羊乳掺假检测中有着广泛的应用，属于半定量检测方法，虽然会受到免疫法特异性抗体难以制备的制约，但此方法快捷、灵敏、特异性强，不需要进行反复处理，而且成本相对较低。

第四节　乳制品中异种蛋白掺假检测研究进展

乳品的蛋白质含量是评判质量好坏的最重要的依据，因此乳品蛋白质掺假层出不穷，乳品蛋白质掺假不仅可以给众多消费者造成不可逆转的伤害，亦可重创中国制造商品信誉。蛋白质掺假物根据性质不同可以分为假蛋白掺假物以及真蛋白掺假物，假蛋白掺假物其本质是一些非蛋白含氮物，如三聚氰胺。

真蛋白掺假物根据来源还可分为植物源性蛋白掺假物（如大豆蛋白）以及动物源性蛋白掺假物。乳品中假蛋白掺假物的检测方法已经趋于成熟，形成了规范的标准，假蛋白掺假物已不能为掺假者赚取非法利润，反而有被查处的风险，这就促使掺假者为谋取高利润而去寻找新的掺假物来取代假蛋白，廉价的外源真蛋白必将会成为首选的掺假物。

主要的掺入物有皮革水解蛋白、大豆蛋白、植物水解蛋白以及在高价的羊乳中添加牛乳等，真蛋白掺假物其本质是真蛋白，检测难度大。

一、乳及乳制品中植物源性蛋白掺假物的检测

目前最常掺入的植物源性蛋白有掺豆浆（大豆蛋白粉）、植物水解蛋白等，相较于牛羊乳比较廉价，这种行为一方面损害了消费者的权益，另一方面也造成了食品的安全隐患（掺假乳标签上并不会注明，这容易使得一些大豆蛋白过敏者误食而引起不良后果，如呕吐、腹痛、腹泻，甚至过敏性休克）。

（一）通过检测皂角素鉴别是否掺豆浆

乳制品中掺入豆浆的同时也引入了大豆中特有的皂角素。可利用皂角素能溶于热水或热酒精，并与 NaOH 作用生成黄色的原理来检测是否掺有豆浆，若有黄色出现则证明掺有豆浆。此方法简单快速，可以用于原料乳收奶现场的掺假检测。

（二）电泳法检测乳及乳制品中掺加的大豆蛋白

大豆蛋白和乳蛋白分子间带电性以及量存在区别，张东送等根据蛋白

分子带电性的差异利用毛细管电泳技术进行奶粉中大豆蛋白掺假的应用研究，实验结果表明，添加大豆蛋白的奶粉图谱上出现新的特征峰，而且大豆蛋白特征峰面积与添加量成正比。吴茹怡根据大豆蛋白和乳蛋白分子量的区别，利用 SDS-PAGE 方法来检测牛奶中的豆奶成分。将牛奶和豆奶分别进行 SDS-PAGE 分析，SDS-PAGE 电泳谱图上可看到 7 条牛奶蛋白带和 13 条豆奶蛋白带，牛奶中掺杂的豆奶体积分数为 5 % 时即可被检测到。

（三）近红外光谱检测乳制品中掺加的水解植物蛋白

王右军利用近红外光谱快速定量检测牛奶中掺假物质的可行性，采用偏最小二乘法建立近红外光谱与牛奶中掺假物质含量之间的定量模型。结果表明对掺入的水解植物蛋白粉的定量预测准确度较高，相关系数为 0.969，预测标准差为 0.456 g/kg，可以满足定量检测的需要。

（四）PCR 方法检测乳制品中植物成分

覃芳芳等建立了应用 PCR 技术鉴别牛奶饮料中植物成分的方法，方法设计合成了针对线粒体 t RNA Leu 基因的引物，扩增牛奶中的植物成分，该方法可检测至牛奶中掺入的植物成分低至 0.1 %。模拟样品检测显示该方法准确性高，实际应用能力强。

二、乳及乳制品中动物源性蛋白掺假物的检测

（一）比色法检测乳制品中掺加的水解胶原蛋白

皮革水解蛋白属于胶原蛋白，含有胶原蛋白所特有的氨基酸 – 羟脯氨酸（hydroxyproline，Hyp），Hyp 在正常胶原蛋白中含量约为 13.4 %，而在其他蛋白质中则不存在。李景红等用比色法对乳制品中的羟脯氨酸进行检测，研究表明掺加量在 1 % 以上就可以检测得到。具体方法：（1）先将样品进行酸化，水解胶原蛋白，游离羟脯氨酸；（2）再用氯胺 –T 氧化羟脯氨酸生成含吡咯环的物质，加入对 – 二甲基氨基苯甲醛溶液显色；（3）558 nm 波长处测吸光度，用标准曲线算得羟脯氨酸的质量浓度，由测得的羟脯氨酸换算得出乳中掺加的动物胶原水解蛋白的量。此方法所用仪器操作简便、经济，且操作方法步骤简单，检出限为 9.00 μg/mL。

（二）色谱法检测乳制品中掺加的水解胶原蛋白

李景红等采用阴离子交换色谱 – 积分脉冲安培法以及 4 – 二硝基氟苯柱前衍生反相高效液相法检测牛乳中的羟脯氨酸，由测得的羟脯氨酸含量推算得到牛乳中掺加的胶原水解蛋白。阴离子交换色谱 – 积分脉冲安培法无须衍

生处理，可直接对羟脯氨酸进行测定，检出限为 1.0 μg/mL。高效液相法最低检出限为 2.5 μg/mL。水解动物蛋白不同于乳酪蛋白，不同的蛋白质分子具有不同的氨基酸组成比例，刘婷等利用蛋白质的氨基酸组成差异性检测牛奶中掺入的水解蛋白，利用高效液相离子交换色谱法对乳粉和水解动物蛋白中的 17 种氨基酸进行分离测定以及筛选比较，发现其中 6 种氨基酸的含量差别较大：甘氨酸、丙氨酸、精氨酸、谷氨酸、赖氨酸和亮氨酸。掺入水解动物蛋白的乳粉其前 3 种氨基酸含量比例升高，后 3 种氨基酸含量比例下降。依据此 6 种氨基酸建立乳粉中水解动物蛋白的模拟检测，将实际检测中的数据与模拟检测数据进行对照半定量地检测出样品水解动物蛋白的添加比例范围。

（三）氨基酸自动分析仪检测乳制品中掺加的水解胶原蛋白

曾暖茜等利用氨基酸自动分析仪对氨基酸直接进行分析，羟脯氨酸与茚三酮反应后生成黄色产物，在仪器的第二通道波长 440 nm 有最大吸收，且保留时间不与其他氨基酸重迭，因此可用于测定乳制品中羟脯氨酸含量，氨基酸自动分析仪操作简单，自动化程度高，但要求具有相关的配套仪器。

第十一章
羊皮的鉴定方法

第一节　滩羊品质鉴定与二毛皮、滩羊皮的分级

滩羊是我国名贵的裘皮用绵羊品种。由于长期以来处在暖温性干旱、荒漠化草原区的自然生态环境中，使其具有顽强的生命力与良好的适应性。滩羊二毛皮和滩羔皮，毛色洁白，光泽悦目，毛股呈波浪形弯曲，花案清晰，毛根部柔软可纵横倒置，皮板薄而微密，轻暖美观，在国内外市场深受欢迎。截至目前，国内已有十四个省、自治区、直辖市从滩羊产品引种，朝鲜民主主义人民共和国也曾来我国引入过滩羊。随着滩羊生产的发展，饲养地区的扩大，许多科技、饲养及收购人员渴望了解和掌握滩羊的鉴定技术和二毛裘皮、滩羔皮的分级标准。

一、滩羊的品质鉴定

滩羊一生进行三次鉴定，以初生鉴定为基础，二毛鉴定为重点，成年鉴定为补充。

（一）初生羔羊鉴定：

羔羊初生后，毛股自然长度即达 4～5 cm，弯曲 3～7 个，被毛毛股紧实，花案清晰。公羔初生重 3.8～4.0 kg，母羔 3～3.5 kg。羔羊的初生鉴定可分为三个等级。Ⅰ级：毛股自然长度在 5 cm 以上，弯曲数在 6 个以上，花案清晰，发育良好，公羔体重 4 kg，母羔 3.5 kg。Ⅱ级：毛股自然长度应在 4.5 cm，弯曲数在 5 个以上，花案清晰，发育正常，体重同Ⅰ级。Ⅲ级：毛股自然长度不足 4.5 cm，弯曲数不到 5 个、花案欠清晰，蹄冠上允许有色斑，发育正常或稍差，体重同Ⅰ级或较小。

（二）二毛羔羊鉴定：

二毛羔羊是生后约 30 日龄，毛长 7 cm 的羔羊。此时羔羊全身被覆有波浪形弯曲的毛股，毛股紧实、花案清晰，毛色洁白，光泽悦目，毛梢有半圆形的弯曲或稍有弯曲，体躯主要部位表现一致。弯曲多在 3 ～ 7 个，有弯曲部分约占毛股全长的 1/2 ～ 3/4，体躯次要部位毛股短而弯曲少。被毛有两型毛和无髓毛组成，两型毛占 46%，无髓毛约占 54%。两型毛的平均细度为（26.6 ± 7.67）μm，无髓毛的平均细度为（17.37 ± 4.36）μm。依其被毛毛股粗细、绒毛含量和弯曲形状的不同，可分为"串字花""软大花"与其他花穗类型。所谓"串字花"即毛股粗细为 4 ～ 6 cm，毛股上具有半圆形弧度均匀的平波状弯曲的花穗；"软大花"乃指毛股粗细为 0.7 cm 以上，毛股根部粗大，无髓毛较多，具有弧度较大或中等的平波状弯曲的花穗。两种主要花穗类型二毛羔羊的品质等级如下：

1. 串字花类型：

特级：Ⅰ级中毛股弯曲数在 7 个以上或体重达 8 kg 以上者。

Ⅰ级：毛股弯曲数在 6 个以上，弯曲部分占毛股全长的 2/3 ～ 3/4，弯曲弧度均匀呈平波状，毛股紧实，中等粗细，宽度为 0.4 ～ 0.6 cm，花案清晰，体躯主要部位表现一致。毛纤维较细而柔软，光泽良好，无毡结现象，体质结实，外貌无缺陷，活重在 6.5 kg 以上。

Ⅱ级：毛股弯曲在 5 个以上，弯曲部分占毛股全长的 1/2 ～ 2/3，毛股较紧实，花案较清晰，其余同Ⅰ级。

Ⅲ级：毛股弯曲数不足 5 个，弯曲深度较浅，波长大，毛股松散，花案欠清晰，胁部毛毡结和蹄冠上部有色斑，活重不足 5 kg 者。

2. 软大花类型：

特级：符合Ⅰ级的要求，而毛股弯曲数在 6 个以上或活重超过 8 kg 者。

Ⅰ级：毛股弯曲数在 5 个以上，弯曲弧度均匀，弯曲部分占毛股长的 2/3 以上，毛股紧实粗大，宽度在 0.7 cm 以上，花案清晰，体躯主要部位花穗一致，毛密度较大，毛纤维柔软，光泽良好，无毡结现象，体质结实，外貌无缺陷，活重在 7 kg 以上。

Ⅱ级：毛股弯曲数在 4 个以上，毛股欠紧实粗大，体质结实，活重在 6.5 kg 以上其余同Ⅰ级。

Ⅲ级：凡毛股弯曲数在 3 个以上，毛股较粗而干燥、胁部毛毡结和蹄冠上部有少量色斑，活重不足 6 kg 者。

其他花型（包括核桃花、笔筒花、头顶一枝花和毡毛蛋）：其等级参照前两种花型酌情评定。

（三）育成羊（1.5 岁）个体鉴定：

在羔羊期未经过鉴定的羊只，或者选育羊群中的精选羊只，需进行个体补充鉴定。育成羊的鉴定共分为四个等级。

特级：体格大、体质结实，发育良好，体重公羊 47 ～ 50 kg，母羊 36 ～ 40 kg，毛股长在 15 cm 以上，呈长毛辫状，体躯主要部位表现一致，毛密度适中。

Ⅰ级：体格较大，体重公羊 43 ～ 46 kg，母羊 30 ～ 35 kg。二毛羔羊期定为特、Ⅰ级者，其余同特级。

Ⅱ级：体格中等，体质结实或偏向细致，体重公羊 40 ～ 45 kg，羔羊 27 ～ 30 kg。二毛羔羊期定为亚级或亚级以上者。

Ⅲ级：体格较大，偏向粗糙，有髓毛粗短，蹄冠上部有色斑，或有外貌缺陷，体重同Ⅰ级。

二、滩羊二毛皮和滩羊羔皮的分级标准

滩羊的主要产品是二毛皮与羔皮。

（一）滩羊二毛皮：

二毛皮是滩羊二毛羔羊所宰剥的毛皮。皮板薄而致密，皮板厚度约 0.8 mm，鲜皮重约 0.9 kg，干板皮面积平均约在 1 600 ～ 2 900 cm^2，具有毛股弯曲明显，花案清晰，毛根部柔软可以纵横倒置、轻便美观的特点，是制作轻裘的上等原料。

1. 技术要求 滩二毛皮必须形状完整、毛股长 7 ～ 8 cm，宰杀适时，自然晾干，皮板平展。

2. 滩羊二毛皮分等

一等：毛股弯曲数 5 个；毛股自然长度 7 ～ 8 cm，皮板面积 2 400 cm^2；品质特征，毛色纯白花案清晰，色泽光润，板质良好。

二等：毛股弯曲数 4 个；毛股自然长度 7 ～ 8 cm，皮板面积 2 000 cm^2；品质特征，花案较清晰，色泽光润，板质较好。

三等：毛股弯曲数 3 个；毛股自然长度 7 ～ 8 cm，皮板面积 1 600 cm^2；品质特征，花案欠清晰，毛股较粗，毛稍发黄。

凡皮板面积在规定标准内，毛股弯曲数超过上一级者，可提高一等级；毛股弯曲数在要求内，皮板面积超过上一等级者也可提高一级。一等中若毛

股弯曲数已达 6 个以上或皮板面积达到 2 900 cm² 的可定为特等。

（二）滩羔皮

滩羔皮是羔羊出生后 30 日龄内，毛股长度不足 7 cm 时所剥取得毛皮。具有毛股弯曲明显，花案清晰，质地柔软等特点，是缝制皮衣的上好原料。

1.技术要求 毛股长不足 7 cm，宰杀适时，自然晾干，皮板平展。

2.滩羔羊皮分等

一等：毛股弯曲数 5 个；毛股自然长度 5 cm，皮板面积 1 600 cm²；品质特征，毛色纯白，花案清晰，板质良好。

二等：毛股弯曲数 4 个；毛股自然长度 5 cm，皮板面积 1 300 cm²；品质特征，毛色纯白，花案较清晰，板质良好。

三等：毛股弯曲数 3 个；毛股自然长度 5 cm，皮板面积 1 100 cm²；品质特征，毛色纯白，花案欠清晰，板质较薄。

第二节　小湖羊皮的鉴定与分级

小湖羊皮即湖羊羔皮，具有色泽洁白，波浪花纹、清晰美观等优点，是我国著名的特产，在国际裘皮市场上享有盛誉，被誉为"中国的软宝石"，小湖羊是世界上公认的优良绵羊品种之一。

一、小湖羊皮鉴定分级方法

（一）鉴定分级的主要依据：

1.毛丛长度 毛丛长度与小湖羊皮波浪形花纹的美观性有密切关系。商业上根据毛丛的长度把羔皮分为小毛、中毛、大毛三种。小毛的毛丛长度为 1 ～ 2.5 cm，中毛为 2.5 ～ 3.25 cm，大毛的毛丛长度超过 3.25 cm。这三种毛丛长度以小毛为佳，中毛次之，大毛最差。

2.花纹明显度 羔皮水波状花纹的明显程度是决定羔皮品质的主要指标之一。优质羔皮的花纹清晰，明显；品质差的羔皮则花纹散乱，不明显。

3.花纹宽度 花纹宽度是指一个花纹两边隆起之间的距离，它也是构成羔皮品质的重要指标。商业上将花纹宽度分为小花、中花、大花三种。小花平均 0.5 ～ 1.25 cm，中花平均 1.25 ～ 2.0 cm，大花平均 2 cm。这三种花纹宽度以小花为佳，中花次之，大花最差。

4. **花纹分布面积** 花纹分布面积是指羔皮上，从颈部到尾根，从背部到腹部，水波状花纹所占的面积，该面积越大越好。

5. **毛丛弹性** 毛丛弹性是指从逆毛方向将毛丛直立后，毛丛能够返回原来位置的能力。优质羔皮的毛丛弹性好，毛丛紧贴皮板，扑而不散；劣质羔皮的毛丛弹性差，一扑即散。

6. **底绒** 在粗毛下靠近皮板处着生的一种较细绒毛称为底绒。羔皮若出现底绒则品质差，花纹多不明显。

7. **皮板质量及面积** 皮板要求足壮，质地致密，富有弹性，古钟形。

8. **毛色** 毛色须洁白，无有色毛或有色斑块。

9. **光泽** 光泽是羊毛纤维对于光线的反射能力，光泽应悦目，过强或过弱均不好。需要指出的是，在上述各项指标中，对构成优质小湖羊皮来说，以毛丛长度、花纹明显程度、花纹宽度，花纹分布面积等最为重要，特别是毛丛长度有决定性的作用。因毛丛短，多形成小花，被毛紧贴皮板，花纹紧密，美观；毛丛过长，多形成大花，花宽度大，不紧贴皮板，花纹松散，不明显。

（二）鉴定分级方法：

小湖羊皮（干板皮）的鉴定分级与其他羔皮不同，其鉴定过程可分为看，抖、摸三个步骤。

1. **看**——手捏住小湖羊皮头部，一手执其尾部右边，目观毛的长度、花纹是否明显，分布面积大小，色泽是否洁白、光润等。然后再将皮翻过来（皮板朝上），察看皮板是否足壮，尺码是否合乎标准，若有脱毛板、脆板、死闷板以及其他损伤等，应根据对品质影响的程度酌情降级。

2. **抖**——用捏住小湖羊皮头部的手上下抖动，另一手仍执住尾部右边不动，目观毛丛是否耸起，花纹有无松散。若经抖动后毛丛耸起，花纹散乱，则品质差，商业上称为"毛脚软"；经抖动毛丛不耸起，花纹不散乱，商业上称"毛脚硬"则品质好，其被毛紧贴皮板，花纹紧密。

3. **摸**——经看、抖后还要用手指触摸被毛，倒捋毛根，观察有无底绒，毛丛弹性以及羊毛密度，若无底绒，毛丛弹性好，羊毛密度适中，则表明羔皮品质好，反之品质差。

二、小湖羊皮分级标准

（一）甲级皮

小毛或小中毛，毛细，有波浪状卷花或片形花纹，分布面积占全皮二分之一以上，板质良好，色泽光润。

（二）乙级皮

毛中长，有波浪状卷花或片形花纹，分布面积占全皮二分之一以上；或毛较短，花纹欠明显；或毛略粗而花纹明显；板质良好，色泽光润。

（三）丙级皮

皮质尚佳，色泽欠光润，毛长而细，有波浪状卷花，欠明显；或片形花纹分布面积占全皮二分之一；或毛短，花形隐暗，或毛粗涩。

（四）等外一

凡不符合甲、乙、丙级标准规定之大。中毛、大片均属之。

（五）等外二

凡不符合甲、乙、丙级标准规定之小毛有花，大、中片皮均属之（包括方板和其他板型）。

（六）等外三

凡不符合外一、外二规定的均属之(包括方板和其他板型。)在实际分级时，对甲、乙级皮，尚需考虑毛丛弹性和花纹明显程度。若毛丛弹性差，花纹欠明显，应降级。对丙级皮若出现明显底绒，应降为等外皮。

（七）等外比差

甲级皮100%，乙级80%，丙级皮60%，等外一30%，等外二15%，等外三8%。

第三节　鉴定正宗皮革服装要点

进入冬季，皮革服装在市场上很走俏，这些皮革服装大多采用各种动物革制成。也有合成革，仿羊皮革之类的面革制作的。如何鉴定皮革服装的优劣，就得掌握它们之间的不同特点和表面特征。

（一）牛皮革

毛孔细小，呈圆形，分布均匀而紧密，毛孔伸向里边，革面丰满、光亮、皮板柔软、纹细、结实、手感坚实而富弹性。

（二）羊皮革

分山，绵羊两种，山羊皮革革面纹路是在半圆弧上排列2～4个粗毛孔，周围有大量细绒毛孔。绵羊皮革板薄，手感柔软，毛孔细小，呈扁圆形，由几个毛孔构成一个组，排成长列，分布很均匀，但不结实。

（三）仿羊皮革

外观和手感都类似羊皮，但细看无毛孔，底板非动物皮， 是用针织物经人工合成，没有其他皮革结实。

（四）猪皮革

毛孔粗大、一个毛孔三棵毛，呈三角排列、毛眼相距又较远。革面显得粗糙、柔软性差，但经加工后其柔软程度可超过牛皮革。且猪皮革是众多皮革中最结实的皮革之一。

（五）马皮革

毛孔呈圆形，不明显，比牛皮革孔略大，斜入革内呈山脉形状，有规律排列，革面松而软，色泽昏暗，光亮不如牛皮等。

── ///第十二章/// ──
羊毛的鉴定方法

第一节　羊毛与羊绒的鉴定

　　山羊绒非常珍贵，量少价值大，较其他动物纤维具备柔软、滑糯、有光泽等特点，因此，用山羊绒制成的产品外观漂亮、手感细腻，属于奢侈高档的产品，非常受广大消费者欢迎。但由于山羊绒产量非常小，供不应求，所以价格昂贵，甚有"软黄金"之称。部分企业为获取更大的利润空间，降低生产成本，提高收益，通常会将绵羊毛经分梳后的细羊毛混入山羊绒中，以次充好，严重影响山羊绒质量，不利于消费者权益的有效保障，所以近年来人们愈来愈重视绵羊毛和山羊绒的鉴别及鉴别方法研究，提高鉴别技术水平，进而保障山羊绒质量。

一、显微镜法

　　显微镜法仍旧是目前羊绒／羊毛纤维检测鉴别的常用方法之一，主要有光学显微镜法、扫描电子显微镜法 (SEM 法) 等。

（一）光学显微镜法

　　光学显微镜法是通过纤维的外观特征对其进行检测鉴定，主要观察纤维的粗细、鳞片、光洁程度等。

（二）扫描电子显微镜法

　　扫描电子显微镜法的测试原理是利用细聚焦电子束在固体样品表面逐点扫描，激发出二次电子、背散射电子、X 射线等信号，经过放大后在阴极射线管上产生反映样品表面形貌的图像。

（三）原子力显微镜

　　原子力显微镜是用一端固定而另一端装有纳米级针尖的弹性微悬臂来检

测样品表面形貌的。用原子力显微镜 (AFM) 对羊毛与羊绒纤维的表面鳞片进行观察，对纤维的表面 AFM 图像进行分析和比较，从中找出可鉴别不同种类纤维的形貌指标，从而达到准确鉴别羊毛与羊绒的目的。AFM 具有如下优点：①具有极高的分辨率，它通过探针与试样材料表面原子间力的变化进行材料表面形貌的测试，超越了光线和电子束波长对分辨率的限制，因此使人们的观察视野得以向微观世界极大地延伸；②可以直接观察到试样的三维图像以及材料的局部表面结构，并可获得材料表面粗糙度等重要信息。

二、近红外光谱技术

近红外光谱主要是由于分子振动的非谐振性使分子振动从基态向高能级跃迁时产生的，记录的主要是含氢基团 C–H、O–H、N–H、S–H、P–H 等振动的倍频和合频吸收。不同基团 (如甲基、亚甲基、苯环等) 或同一基团在不同化学环境中的近红外吸收波长与强度都有明显差别。所以近红外光谱具有丰富的结构和组成信息，非常适合用于碳氢有机物质的组成性质测量。只要测量未知样品的近红外光谱，再通过软件自动对模型库进行检索，选择正确模型，根据校正模型和样品的近红外光谱就可以预测样品的性质参数。

近红外光谱技术由于其检测方便、信息量大、无损等特性受到人们越来越多的关注，并且与化学计量学结合时能在一定程度上抵消其光谱峰重叠、信息弱等缺点。周莹等人探究了近红外光谱在纺织纤维上的应用，广泛应用于自然纺织纤维的品种鉴别、纤维内杂质检验以及生产过程中染料的鉴别等。目前主要是近红外光谱检测羊绒羊毛再利用偏最小二乘法，建立近红外光谱定量分析的数学模型。但试验的样品数量和代表性有限，预测模型的精确度也可以再有所提高，真正将近红外光谱应用于现实工作中还需要进行大量实验，建立更准确的数学模型来获得稳定、准确、可靠的检测结果。

三、化学鉴别法

（一）燃烧法

绵羊毛含有丰富蛋白质，对其燃烧时会一边冒烟起泡一边不断燃烧，会有烧焦毛发的气味，灰烬较多，有带光泽的黑色松脆块状。用燃烧法对山羊绒进行燃烧时，情况和羊毛有相似之处，主要区别是山羊绒燃烧非常迅速，呈松脆状，会出现一压就碎的情况。燃烧法易操作、便捷，但此鉴别方法主观性较强，鉴别准确度不够。

（二）染色法

染色法主要是利用绵羊毛和山羊绒染色性能不同进行鉴别。绵羊毛和山羊绒都具备较好染色功能，但山羊绒表面积较大，鳞片相对较薄，且排列较稀疏，染料不容易在山羊绒内部扩散，比绵羊毛纤维的上染率高。山羊绒等电点比绵羊毛纤维高，造成上染率存在一定差异。在染色初始阶段，山羊绒吸附染料多于绵羊毛，上染率差异最大。根据其染色性能差异，若选用相同染料和处方，可根据上染率和得色的差异鉴别山羊绒和绵羊毛。

四、PCR 技术

PCR 技术应用在羊绒羊毛的检测上已经获得了很深入的研究，该方法是提取羊绒羊毛的 DNA，然后用 PCR 技术进行扩增，通过对比两者 DNA 的不同来进行羊绒羊毛的鉴别。该方法的缺点是毛干 DNA 提取困难，因为毛发中的 DNA 主要集中在毛囊细胞中，经过加工处理的羊绒、羊毛很少带有完整的毛囊，所以从毛囊细胞中提取 DNA 十分不易。而毛干中 DNA 含量比毛囊中更少，所以 DNA 的提取方法仍旧是目前研究的热点。所幸已经有比较成熟的山羊绒 DNA 提取试剂盒，能够得到很好的 DNA 扩增曲线，引物探针反应性能和特异性能均较好。应用该试剂盒能克服目前 PCR 技术中 DNA 提取不易这一难点。PCR 技术是一种客观有效的羊绒、羊毛鉴别手段，但其成本较高，且毛干中存在的 DNA 量极少，提取困难，加之染色等化学处理和定型等热处理对本就很少的 DNA 造成破坏，所以该技术的应用还存在一定局限性。

五、蛋白质组学法

蛋白质组学法是近几年刚兴起的羊绒、羊毛鉴别方法，羊绒、羊毛蛋白含量极为丰富，蛋白质的提取也有一定的研究基础。英国科学家 Sanger 完成了第一个蛋白质的氨基酸顺序测定，而且证明任何蛋白质都有一个特有的确定的氨基酸序列，由于不同的蛋白质具有不同的氨基酸序列，蛋白质的氨基酸序列是由对应基因所编码，因而不同蛋白质的分子链具有与 DNA 法相同的指纹特征。找到某种技术对不同种类蛋白质的氨基酸顺序进行检测，可以用来对物种进行鉴定。

目前羊绒与细羊毛混纺、羊毛改性技术、环境等因素导致的羊绒变粗等都导致羊绒与羊毛的准确客观鉴别难上加难。由于现有成熟检测方法的局限性，急需开发其他更准确的方法，基于蛋白质组学的羊绒、羊毛鉴定法，从蛋白质组成上对羊绒与羊毛进行区分，才能更加客观、高效地鉴别羊绒、羊毛，以应对目前的市场需求。目前该方法还在探究实验阶段，还需要增加样本量，探究稳定的蛋白提取工艺以及后期检测的仪器方法等。

第二节　羊毛及其制品的快速鉴定

羊毛制品，无论是机织物还是针织品，均具有光泽自然，手感细腻柔滑，有身骨、弹性足、或丰厚，或挺爽，不易折皱、风格高雅等一系列的优点，因此，越来越受到消费者的青睐。目前，市场上出现了种类繁多的假冒羊毛制品，在精纺，粗纺呢绒的面料、服装以及绒线等商品中都有假冒羊毛制品的现象。有纯化纤的标成纯毛的；有化纤与羊毛飞混纺制品而标签上写纯毛制品的，等等，下面介绍一些能够快、准、稳地判定商场出售的羊毛制品真假的方法。

一、看

首先看商品的商标及缝入标志，吊牌以及品号是否与标签品名相一致。例如：针织服装标签标注为纯羊毛衫，缝入标志为70%羊毛。这显然是以假充真的羊毛衫。又如：呢绒面料标签品名与纯毛贡呢，而品号以"3"开头的37951，马上可以判定是假冒商品。因按照纺织部规定，品号以"3"开头在精纺呢绒中表示混纺产品，这是生产厂统一使用的编号方法。具体参考表如下：

表 12-1　绒品号首位数字

	品类		
	羊毛	混纺	纤化
精纺	2	3	4
粗纺	0	1	7

其次是看光泽。羊毛制品的光泽自然柔和，即使在阳光照射下也是如此，而化纤制品具有极光，在一定光线条件下更为明显，随着含毛量的增多，光泽逐渐好转。

二、摸

羊毛制品如春秋穿用的中厚毛织物，富有弹性，丰厚，手感滑糯，有身骨，揉搓时不易折皱。而化纤制品手感光滑，不够柔软，用手搓时有"嘶鸣"的响声。

纤维制品羊毛含量越高，手感越好。这是由羊毛的品质所决定的。如果是夏季穿用的轻薄织物。手摸呢面弹性足，手感柔软，有"滑挺、爽"的感觉。

三、拉

先拉出纤维制品中的一根纱（经、纬、不同色号的纱），然后两手拉强力，纯化纤强力最大，含毛量越高强力越小，纯羊毛纱强力最小。其次是把抽出的纱线破捻，理顺，抽出单根纤维分析，看其形态。纤维直、无明显弯曲且较长的是化纤，有明显弯曲者是羊毛，有的纤维抽出时有卷曲，但用手捋几下就直了，这仍是化纤。而羊毛属于天然纤维，其固有的卷曲不会因为捋几下就消失。

四、燃

羊毛属蛋白质纤维，遇火不缩，燃烧时有烧毛发味，灰烬为黑色焦炭状，用手能全部捻为粉末。化纤一般如涤纶、腈纶、锦纶，遇火收缩，燃烧时有化学品异味，灰烬发硬，指压不碎。化纤中粘胶纤维遇火不缩，立即燃烧，有烧纸味，灰烬为白灰。燃烧鉴别方法具体可参考 ZBW 04004.2—89 纺织纤维鉴别试验方法——燃烧试验方法。

第三节　绵羊毛与特种动物纤维鉴别

近些年来，随着社会经济的发展，人们对特种动物纤维制品的需求日益增多，市场上此类产品也愈来愈多。生产企业为了改善特种动物纤维制品原有的服用性能以及降低成本，多采用特种动物纤维与绵羊毛纤维混纺来制成不同风格的产品，下面介绍一些绵羊毛与特种动物纤维的鉴别方法。

一、绵羊毛

绵羊毛总的特征为鳞片的厚度较厚，在 0.5 μm 以上，高度较小，密度较大，鳞片边缘有明显的凸起，纤维粗细不匀；表面鳞片粗糙，纤维发暗，透光性差。

（一）绵羊毛

绵羊毛分为细羊毛、半细羊毛、土种毛和改良羊毛。细羊毛纤维鳞片多呈环状覆盖，鳞片的密度较小，高度较大，厚度较厚；鳞片由根部向梢部一节节地变窄呈宝塔状排列，纤维边缘可见明显的凸起呈锯齿状。半细羊毛纤维鳞片呈排列紧密、层层挤压的瓦状覆盖，鳞片高度较小，密度大，厚度较厚。土种毛纤维表面鳞片覆盖面较小或根本不覆盖，只是互相衔接形成龟裂状或网状，纤维边缘鳞片有明显的凸起呈锯齿状。改良羊毛的形态特征为在同一根纤维上同时兼有绒毛与土种毛的鳞片特征，有断断续续的髓质层，纤维粗细差异较大，改良尚未成型的绵羊毛多属这种类型。绵羊毛中含有极少量的腔毛和死毛纤维，这两种毛除了在纤维的鳞片特征上与半细毛、土种毛相符外，还可以看见纤维中有较宽的间断状的髓腔或者通体状的髓腔。

（二）拉伸绵羊毛

拉伸细绵羊毛是将绵羊毛经过物理拉伸后再经化学处理，以较细的形式固定下来的绵羊毛。通常经过拉伸后羊毛的直径比拉伸前细 3～3.5 μm，细度甚至可以与山羊绒的平均细度相当；长度比拉伸前长 40%～50%。拉伸绵羊毛纤维的细度基本与山羊绒接近，纵向形态有扭转，且纤维各部位的直径粗细不均匀。虽然鳞片的高度增大，厚度变薄，密度减少，形态与山羊绒接近，但是纤维表面鳞片有一定程度的脱落，鳞片间距不均匀，部分鳞片翘起。

二、特种动物纤维

在我国可利用的特种动物纤维主要有山羊绒、兔毛、羊驼毛、牦牛绒、驼绒和马海毛。

（一）山羊绒

山羊绒纤维鳞片呈环状覆盖并紧贴于毛干，排列比较整齐；鳞片厚度薄，一般为 0.3～0.4 μm。山羊绒纤维的细度与鳞片高度的比值，以下称为径高比，平均为 0.9，纤维越细比值越小。不同细度山羊绒纤维的根数呈正态分布。细度在 12.5～20.0 μm 的纤维占大多数，这些纤维的径高比大约是 1.0，即纤维直径与鳞片的高度基本相等，图形呈正方形；细度小于 12.5 μm 的纤维的径高比小于 1.0，图形为沿纤维轴向拉长的矩形；细度大于 20.0 μm 的纤维的径高比大于 1.0，图形为随着直径变宽而变扁的矩形。山羊绒纤维径高比的平均值小于 1.1，绵羊毛纤维的平均径高比大于 1.6。山羊绒纤维与绵羊毛纤维径高比的不同，为检验人员准确鉴别山羊绒与绵羊毛结构特征提供了帮助。另外，山羊绒纤维外观形态上，还具有圆（凸起的立体感）、匀（纤维前后端包括各部位的直径基本一致）、滑（纤维边缘光滑、几乎没有因鳞片翘起而形成边缘小锯齿形翘起）、亮（鳞片一般为绵羊毛的一半，且可见高度高，因此要比绵羊毛纤维光亮透明）、直（一般投影长度在 15 ～ 20 cm 之间的山羊绒为顺直形态，极少弯曲）的特点。由于不同品种山羊绒之间的杂交和某些不良品种的引进，导致山羊绒纤维的形态变异。目前山羊绒形态变异类型大致有：①鳞片较厚、较密，排列不规则，变异程度较轻；②鳞片模糊不清，像剥鳞后的纤维；③ 鳞片厚，密度大，形态与绵羊毛相似；④鳞片密度大、较薄，纤维细度均匀，为两型绒；⑤纤维细度细、鳞片呈花盆状，密度与翘角较大，为细绒尖类。

（二）兔毛

兔毛纤维可分为有髓毛与无髓毛两种。有髓毛纤维鳞片呈"人"字形紧密排列，其最大特点是有房形髓腔。房形髓腔依纤维的粗细程度不同，可分为单列、双列及多列，纤维直径愈粗，髓腔的列数就愈多。无髓毛纤维鳞片也呈"人"字形紧密排列，层层覆盖，但没有髓腔。故兔毛纤维比其他几种特种动物纤维更容易鉴别。

（三）羊驼毛

羊驼毛纤维鳞片呈环状（较多见）或斜条状，紧贴于毛干。鳞片层薄，高度均匀，边缘顺直光滑，有光泽。由于羊驼毛纤维具有宽的髓腔，因此比较容易鉴别。

羊驼毛从组织结构上可分为两种：一种是由鳞片层和皮质层组成的羊驼毛，它们中细的无髓绒毛一般与细驼绒形态接近；另一种是由鳞片层、皮质层、髓质层组成的羊驼毛，这种组织结构最为常见，一般都具有髓腔，直径较粗，多数纤维髓腔通体宽大，但小于直径的三分之一。羊驼毛的直径粗细差异较大，细的羊驼毛直径近似于羊绒，粗的羊驼毛直径可达 50 ～ 60 μm 以上。

（四）牦牛绒

牦牛绒纤维鳞片呈不完全或不规则的环状紧贴毛干，结构不如羊毛纤维的鳞片规则清晰。鳞片可见高度一般为 5 ～ 23 μm；鳞片层很薄，与山羊绒鳞片厚度接近。牦牛绒分为有色与无色两种。有色牦牛绒一般为咖啡色。咖啡色牦牛绒由于纤维充满颜色，不易在纤维细度分析仪上观察到纤维的鳞片形态，但无论纤维细与粗都具有颜色，在纤维细度分析仪上可清楚地看到平行纤维轴向的咖啡色的条纹色素。少数咖啡色细牦牛绒的色斑也呈点状，与紫色山羊绒有些类似。白色牦牛绒鳞片初看时有模糊不清的感觉，仔细观察可见纤维具有滑、直、匀的特征；粗毛有髓质层，表面可见点状髓、断续髓或连续髓。

（五）驼绒

驼绒纤维鳞片呈环状或斜条状，紧贴毛干，边缘光滑圆钝，鳞片结构不如细绵羊毛的鳞片规则清晰。纤维表面有色素沉积，呈细长状；鳞片可见高度 8～20 μm，鳞片厚度与山羊绒鳞片厚度接近。驼绒颜色有乳白、浅黄、黄褐、棕褐色等。多数驼绒纤维呈黄褐色或棕褐色，略粗的纤维颜色较深，鳞片结构不易看清楚，极少数驼绒纤维有点状或间断线状髓腔。驼绒纤维无论有色与无色，其纤维均具有滑、直、匀的特性。通常所见的驼绒纤维鳞片特征为斜条状。

（六）马海毛

马海毛纤维鳞片平阔呈瓦状覆盖，排列整齐，紧贴毛干，且很少重叠；鳞片边缘光滑，光泽好。由于马海毛皮质层的正皮质细胞聚集在毛干的中央，偏皮质细胞呈环状分布在毛干四周呈皮芯结构，所以马海毛的外观直，没有卷曲。直径较细的马海毛形态如同山羊绒，较粗的也很少有髓腔。

参考文献

[1] 赵有璋 . 羊生产学 . 第 2 版 [M]. 中国农业出版社 , 2002.

[2] 赵有璋 . 中国养羊学 [M]. 中国农业出版社 , 2013.

[3] 农业农村部兽医局 , 中国动物疫病预防控制中心（农业农村部屠宰技术中心）. 全国畜禽屠宰检疫检验培训教材 [M]. 中国农业出版社 , 2015.

[4] 熊本海 . 绵羊实体解剖学图谱 [M]. 中国农业出版社 , 2012.

[5] 中国动物疫病预防控制中心 (农业农村部屠宰技术中心). 羊屠宰检验检疫图解手册 [M]. 中国农业出版社 , 2018.

[6] 马仲华 . 家畜解剖学及组织胚胎学 . 第 3 版 [M]. 中国农业出版社 , 2002.

[7] 张德权 . 冷却羊肉加工技术 [M]. 中国农业出版社 , 2014.

[8] 蒋英 . 羔羊肉生产 [M]. 农业出版社 , 1986.

[9] 高玉平 , 马东 . 榆林绒山羊养殖与繁育实用技术 [M]. 西北农林科技大学出版社 , 2020.

[10] 田可川 . 绒毛用羊生产学 [M]. 中国农业出版社 , 2015.

[11] 张德权 . 羊肉加工与质量控制 [M]. 中国轻工业出版社 , 1900.

[12] 陈国宏 , 张勤 . 动物遗传原理与育种方法 [M]. 中国农业出版社 , 2009.

[13]Li,C.C, 吴仲贤 . 群体遗传学 [M]. 农业出版社 , 1981.

[14] 熊贤涛 , 郭安国 , 骆爱枝 , 等 . 山羊饲养管理技术 [J]. 湖北畜牧兽医 , 2006(9):3.

[15] 周光宏 . 畜产品加工学 . 第 2 版 [M]. 中国农业出版社 , 2012.

[16] 刘士义 , 张安国 . 陕北白绒山羊高效生态养殖技术 [M]. 西北农林科技大学出版社 , 2007.

[17] 郎侠 . 甘肃省绵羊遗传资源研究 [M]. 中国农业科学技术出版社 , 2009.

[18] 刘旭 . 中国生物种质资源科学报告 [M]. 科学出版社 , 2015.

[19] 卢德勋 . 系统动物营养学导论 [M]. 农业出版社 , 2004.

[20] 马章全 , 张德鹏 . 古今羊肉保健养生指南 [M]. 西北农林科技大学出版社 , 2007.

[21] 国家畜禽遗传资源委员会 . 中国畜禽遗传资源志 : 家禽志 [M]. 中国农业出版社 , 2011.

[22] 石国庆 . 绵羊繁殖与育种新技术 [M]. 金盾出版社 , 2010.

[23] 张沅 . 家畜育种学 [M]. 中国农业出版社 , 2001.

[24] 赵有璋 . 肉羊高效养殖 [M]. 中国农业出版社 , 1998.

[25] 郑丕留 . 中国家畜主要品种及其生态特征 [J]. 资源科学 , 1980.